电网设备带电检测与故障诊断技术

王红斌　方健　张敏　主编

中国电力出版社
CHINA ELECTRIC POWER PRESS

图书在版编目（CIP）数据

电网设备带电检测与故障诊断技术/王红斌，方健，张敏主编．—北京：中国电力出版社，2023.5（2024.6 重印）

ISBN 978-7-5198-7315-8

Ⅰ．①电…　Ⅱ．①王…　②方…　③张…　Ⅲ．①电网－电气设备－带电测量②电网－电气设备－故障诊断　Ⅳ．①TM93②TM7

中国版本图书馆 CIP 数据核字（2022）第 233164 号

出版发行：中国电力出版社

地　　址：北京市东城区北京站西街 19 号（邮政编码 100005）

网　　址：http://www.cepp.sgcc.com.cn

责任编辑：岳　璐（010-63412339）

责任校对：黄　蓓　朱丽芳

装帧设计：郝晓燕

责任印制：石　雷

印　　刷：廊坊市文峰档案印务有限公司

版　　次：2023 年 5 月第一版

印　　次：2024 年 6 月北京第二次印刷

开　　本：710 毫米×1000 毫米　16 开本

印　　张：12.75

字　　数：206 千字

印　　数：1001—1500 册

定　　价：65.00 元

本书编委会

主编人员　王红斌　方　健　张　敏

副主编人员　顾春晖　范伟男　杜　刚　黄青丹　王　勇　莫文雄

参　　编　覃　煜　张　行　李光茂　王海靖　黄慧红　何嘉兴

序

中国经济的高速发展，带来了电网规模的快速扩张和电网设备的指数级增长，同时，也为电网设备运维管理模式提出了新的课题和挑战。一方面，电网主设备的生产工艺尚有诸多不完善之处，产品质量和技术水平仍有待提升，入网增量设备或多或少的带有一定的质量隐患乃至先天缺陷；另一方面，电网运维人员不可能与设备规模同步增长，如何向管理要效率、向科技创新和技术进步要效益已成为当前的现实问题。

对标国际先进电网企业，带电检测技术及其衍生的重症监护和在线监测技术成为一种现实的选择。广州电网通过引进吸收国外先进带电检测技术，应用重症监护和在线监测技术，开展了长期的实践探索，通过消化吸收先进技术和测试经验，结合本地实际需求开展了自主技术创新，既研发形成了系列带电检测装置和智能化设备，也在实践中发现并总结了典型设备缺陷，深入分析了缺陷及故障成因，积累了一些经验，并于本书中以案例为依托得以呈现一隅。这一实践和创新的过程，既是向先进电网企业、向先进检测技术学习的过程，也是内化吸收、内省提升，转变电网运维模式的过程。国内同行们的带电检测技术的实践应用，打破了国际上先进电网设备带电检测技术的垄断地位，开辟了国内状态检修之路，切实为电网企业降本增效。

展望未来，带电检测技术发展仍前路漫漫，专业化的检测人才队伍和检测设备基础材料原件仍然是该项技术普及推广和持续发展的制约因素，但近些年的实践已充分展现了上述技术的巨大经济与社会效益，相信不远的将来，带电检测技术将会日臻完善，带动电网运维模式向取消停电预防性试验，转而以带电检测和重症监护技术为主、在线监测为辅的经济高效的模式发展。此外，伴随 5G 和物联网技术的快速发展，以及传感器及基础材料的技术进步，带电检测技术必将迎来新的变革，也将为未来的数字电网、透明电网赋予更多新意。

前 言

随着电网的快速发展，电网设备运维模式发生了巨大变化，先后经历了由设备故障后检修为主，过渡到预防性修试为主，再发展到状态检修模式的探索历程。电网设备状态检修模式的变化有效缓解了设备运维压力逐年增加和运维人力资源略有下降的现实矛盾，实现了电网设备停电次数和停电时间的大幅下降。为了有效检测运行设备的潜在缺陷，提前预防设备故障，降低设备故障率，在状态检修模式的探索中，带电检测技术成为预防性停电试验的重要补充，并逐步实现部分停电试验的替代。

通过全面推进电网设备带电检测技术发展，经过多年的实践和经验总结，广州电网逐步建立起以多维带电检测技术发现和诊断设备缺陷，以停电预防性试验为补充确诊设备缺陷，以设备解体验证和总结缺陷根本原因的状态检修模式，并在上述模式中不断融入基于大数据的电网设备状态评价与风险评估方法，增强运维策略的靶向性和设备运维的主动性，为电网的安全稳定运行奠定了坚实基础。为总结广州电网多年来在电网设备带电检测与故障诊断技术方面的研究成果与现场经验，特编写本书。

本书较为系统地介绍了电网设备带电检测与故障诊断技术，分别从变压器带电检测与故障诊断技术、套管及互感器带电检测与故障诊断技术、GIS 及开关带电检测与故障诊断技术、基于电磁波谱法的高压设备带电检测与故障诊断技术、局部放电带电检测装置性能校验技术等方面进行了详尽介绍，可供从事电网设备带电检测、试验、故障分析、运行维护等工程技术人员学习和问题分析时使用，也可作为职工培训及职业技能鉴定的参考书。

在本书编制过程中，参考和引用了相关文献、标准、规程及部分实践中的典型案例，在此对相关单位及作者表示衷心的感谢。

由于作者水平有限，书中难免出现一些不当和谬误之处，恳请各位专家和读者提出宝贵意见，使之不断完善。

编　者

2023 年 5 月

目　录

1 概　　述

1.1 全面推进带电检测技术的背景与意义

经济发展，电力先行。改革开放以来，中国国民经济实现了 30 余年的快速发展，电力行业作为经济发展的主要发动机，走出了引进、吸收、再创新的自强发展之路，电网规模实现了跨越式的增长，仅广州电网规模就从 2000 年的 130 座变电站，至 2019 年底达到 362 座。快速增长的电网规模也给电网设备运维不断提出新的课题与挑战。

通过借鉴学习国外经验与总结自主实践经验，电网设备运维模式经历了由设备故障后检修为主，过渡到预防性试验为主，再发展到状态检修模式的探索历程。状态检修模式缓解了设备运维压力逐年增加和运维人力资源略有下降的现实矛盾，实现了电网设备停电次数和停电时间的大幅下降。为了有效检测运行设备的潜在缺陷，提前预防设备故障，降低设备故障率，在状态检修模式的探索中，带电检测技术成为预防性停电试验的重要补充，并逐步实现部分停电试验的替代。

传统预防性试验为主的检修模式，要制订严格的预防性停电试验计划，根据设备的电压等级，按三年、六年等时间跨度，开展设备的停电试验，通过对此试验定量结果和以对应指标的统计性历史分布规律为依据的阈值，来确定设备是否符合运行要求或达到检修条件：一方面，试验周期内的较长时间内，设备健康状态无法有效获取和评估，可能造成设备缺少必要维护；另一方面，人为设置的预防性试验计划可能过于频密，造成设备过度维护，甚至导致附加的人为缺陷。针对上述运维弊端，带电检测技术可以在不影响设备正常运行的条件下，通过接触或非接触的方式，定量采集运行中设备的电气量及非电气量等多维特征参数，评估设备健康状态，检测方法更为多元，试验条件更为灵活，诊断结果更为全面。

通过全面推进带电检测技术，经过多年实践和总结，广州电网逐步建立起以多维带电检测技术发现和诊断设备缺陷，以停电预防性试验为补充确诊设备缺陷，以设备解体验证和总结缺陷根本原因的状态检修模式，并在上述模式中不断融入基于大数据的电网设备状态评价与风险评估方法，增强运维策略的靶向性和设备运维的主动性，为电网的安全稳定运行奠定了坚实基础。

1.2 带电检测与故障诊断技术发展历程

20 世纪 90 年代以来，广州电网开展了电容型设备绝缘、变压器油中溶解气体、GIS 局部放电等项目的带电检测技术研究与应用，通过及时检测，消除设备隐患，避免了多起重大设备事故的发生，获得了良好的应用效果。但是由于覆盖范围小，系统功能单一，数据无法互通和集中，因而未能充分发挥其应有的作用。

国内外基本都是从电力企业自身所面对的设备运维管理具体困境为出发点，研究开发相应的状态检测诊断技术，解决实际需求。设备状态量的获取多数是基于一般巡检项目和传统的例行试验项目，对于在不停电的状态下，利用带电检测技术评价设备状态的研究和应用经验较少，评价标准中的相关规定非常粗略。由于缺乏长远规划，在推广应用过程中无一例外地遇到了一些迫切需要解决的共性技术瓶颈，主要体现如下：

（1）目前设备状态量的获取大多基于常规巡检项目或例行试验项目，普遍缺乏有针对性的带电检测用判断标准。

（2）带电检测过程和数据缺乏规范，数据记录多采用人工管理方式，现场需要记录的内容繁杂，极易发生差错。未明确和规范设备缺陷的类型、发展阶段、严重程度以及缺陷位置等参量。

（3）未能建立完善统一的变电设备带电检测图谱库，目前设备缺陷分析主要依赖阈值判定和人工估测，诊断结论过于主观，无法有效指导检修维护工作，设备状态评价与故障诊断的研究应用尚无法达到掌握设备真实健康状态与运行风险的需要，信息综合应用智能化水平低下。

基于当前设备带电检测与评价诊断技术研究应用现状分析，可以发现目前带电检测分散应用管理模式存在缺乏统一规划、配置不清、标准滞后、准确性低、诊断能力不足等问题，已严重阻碍带电技术的推广应用。

对设备状态的正确判断是进行有效带电检测、准确评价、正确决策的基础。虽然变电设备缺陷的出现具有很强的随机性，但绝大多数故障都有一个发生、发展的过程。设备发生故障前，会出现各种前期征兆，表现为其电气、物理、化学等特性发生渐进的量变，通过带电检测能够表征设备健康状态的特征量及其变化趋势，即可对设备是否存在异常做出及时准确的判断，从而可以提前采取措施消除设备隐患，避免事故的发生。

由于目前带电检测装置普遍存在分析手段不健全、依据标准差异大、阈值设定不规范等问题，常常出现大量不合理告警信息，导致运维人员难以对运行管理和统计分析提供有价值的指导性信息。本书对当前带电检测技术相关研究成果进行了梳理总结，在以下几个方面开展了带电检测数据的价值挖掘与应用。

一是通过建立统一的判断标准和趋势预警策略，根据实际情况对阈值进行修改调整并对历史上重复出现的不正确异常点和异常范围进行自动校正，结合带电检测数据的历史变化趋势进行深入分析，实现对超出阈值范围的带电检测数据和出现变化率异常的数据点进行二次告警，过滤不合理的告警数据，从而给出客观准确的预警信息。

二是对运行情况和检测数据进行统计分析，通过建立统一的阈值集中管理机制和趋势预警策略，根据实际情况对带电检测阈值进行修改调整，并对历史上重复出现的不正确报警结果进行校正，结合带电检测数据的历史变化趋势进行深入分析，实现对超出阈值范围的带电检测结果和异常变化率进行趋势判断给出客观准确的判断。

三是在大量现场应用的基础上进行相关研究，建立变压器、GIS 等电网核心设备的带电检测的现场图谱库。内容涵盖各种缺陷类型、缺陷发展阶段以及缺陷严重程度所对应的变压器局部放电图谱、变压器/断路器振动指纹图谱、高压电缆振荡波试验局部放电图谱等，为现场缺陷类型识别和诊断提供参考依据。

2　变压器带电检测与故障诊断技术

2.1　油中溶解气体带电检测与故障诊断技术

大型电力变压器几乎都是用油来绝缘和散热，油中溶解气体的组分和含量在一定程度上反映出电力变压器绝缘老化或故障的程度，可以作为反映电力设备异常的特征量。对运行中的变压器定期分析溶解于油中的气体组分、含量和产气速率，就能够及早发现变压器内部存在的潜伏性故障，判断是否会危及其安全运行。

2.1.1　电力变压器油中溶解气体产生的机理

2.1.1.1　气体产生的原理

电力变压器内部产生的气体可分为正常气体和故障气体：正常气体是变压器在正常运行时，因绝缘系统正常老化而产生的气体；故障气体则为变压器发生故障时，引起绝缘物的热分解或放电分解而产生的气体。

变压器在正常状态下产生的热量不足以破坏变压器油烃分子内部的化学键，但是当变压器内部存在局部过热或电弧高温等故障时，故障点就会释放出热能，这些能量有很大一部分用于油和固体绝缘材料的裂解，使烃类化合物的键断裂而产生 CH_4、C_2H_6、C_2H_4 和 C_2H_2 等低分子烃类，以及 CO、CO_2 和 H_2 等气体。表 2-1 列出了各种故障下产生的主要气体成分。

表 2-1　　各种故障下油和绝缘材料裂解产生的气体成分

气体成分	强烈过热		电弧放电		局部放电	
	油	绝缘材料	油	绝缘材料	油	绝缘材料
H_2	△	△	▲	▲	▲	▲

续表

气体成分	强烈过热		电弧放电		局部放电	
	油	绝缘材料	油	绝缘材料	油	绝缘材料
CH_4	▲	▲	△	△	△	▲
C_2H_6	▲	△				
C_2H_4	△	▲	△	△		
C_2H_2			▲	▲		
C_3H_8	△	△				
C_3H_6	△	▲				
CO		▲		▲		△
CO_2		▲		△		△

注　表中“△”表示主要成分，“▲”表示次要成分。

因此，不管是热性故障还是电性故障，其特征气体一般有 CH_4、C_2H_6、C_2H_4、C_2H_2 以及 CO、CO_2 和 H_2，国内外均选择其中的数种气体作为故障诊断的特征气体。

2.1.1.2　气体在油中的溶解

油、纸等绝缘材料所产生的气体有的溶解在油中，有的释放到油面上，每种气体在一定的温度和压力下将达到溶解和释放的动态平衡，最终达到溶解饱和或接近饱和状态。

当电力变压器内部存在潜伏性故障时，若产气速率很低，则热分解产生的气体仍以气体分子形态扩散并溶解在油中，只要油中气体尚未达到饱和，就不会有自由气体释放出来；若故障存在时间较长，油中气体已达到饱和，就会释放出自由气体，进入气体继电器中，若产气速率很高，热分解的气体除了一部分溶解在油中，还会有一部分成为气泡，气泡上浮过程中把溶于油中的氢和氧置换出来。

置换过程和气泡上升的速度有关，故障早期阶段，产气量少、气泡小、上升速度慢、与油接触时间长、置换充分，特别对于尚未被气体溶解饱和的油，气泡可能完全溶解在油中，进入气体继电器内的就几乎只有空气成分和溶解度低的气体，而溶解度高的气体则在油中含量较高。反之，若是突发性故障，则产气量大、气泡大、上升快、与油接触的原时间短，溶解和置换过程来不及充分进行，热分解的气体就以气泡形态进入气体继电器中，使气体继电器中积存的故障特征气体比油中含量高得多，这也是油中溶解气体分析对发现突发性故障不灵敏的原因。

2.1.1.3　正常运行时油中溶解气体含量

正常运行的变压器，油中气体含量很少，主要是 O_2 和 N_2，尤其 CH_4、C_2H_6、C_2H_4、C_2H_2、H_2 和 CO 等可燃性气体含量更低，占总量的 0.01%～0.1% 之间，新油的气体含量更低。正常变压器油中气体含氧量稍比空气大些，为 20%～30%，但含氮量比空气少，这和变压器保护结构形式有关，氮封变压器含氧气占 5%左右，薄膜密封变压器要小于 3%，而一般开放型变压器占 30%左右。

正常变压器油中的 CO 和 CO_2 分布比空气中的含量大一个数量级，运行年限越长，其数值越大，这是绝缘材料老化的象征。

正常变压器可燃性气体占总量的 0.1%以下，而有轻度故障的变压器在 0.1%～0.5%，故障变压器可燃性气体总量在 0.5%以上，所以按可燃性气体总量来判别变压器运行状态是可行的。

表 2-2 给出了正常变压器油中氢和烃类气体含量的极限值。

表 2-2　　正常变压器油中氢和烃类气体含量限值　　μL/L

气体组分	H_2	CH_4	C_2H_6	C_2H_4	C_2H_2	总烃
正常极限值	150	45	35	65	5	150

根据国内对台新变压器在投运前所做的油中溶解气体分析，95%的新变压器低于表 2-3 序号 1 类的值，通过对运行半年和更长时间电力变压器的跟踪调查，得到了表 2-3 所示的极限浓度值。

表 2-3　　新变压器投运前后油中溶解气体的极限浓度　　μL/L

序号	投运时间	H_2	CH_4	C_2H_6	C_2H_4	C_2H_2	总烃	CO	CO_2
1	投运前或 72h 试运行期内	50	10	5	10	0.5	20	200	1500
2	运行半年内	100	15	5	10	0.5	25	—	—
3	运行较长时间	150	60	40	70	10	150	—	—

2.1.2 电力变压器内部故障与油中溶解气体的关系

电力变压器内部故障模式主要有机械故障、热故障和电故障三种类型，而又以热性故障和电性故障为主，并且机械性故障常以热故障或电故障的形式表现出来。从表2-4对国内359台故障电力变压器的故障类型统计结果可以看出，运行中电力变压器的故障主要有热故障和电故障。根据模拟试验和大量的现场试验，电弧放电的电流较大，变压器油主要分解出C_2H_2、H_2及较少的CH_4；局部放电的电流较小，电力变压器油主要分解出H_2和CH_4；电力变压器油过热时分解出H_2、CH_4和C_2H_4等气体，而纸和某些绝缘材料过热时还分解出CO和CO_2等气体。

表2-4　　电力变压器故障类型统计

故障类型	台次	比率（%）
热故障	226	53
电故障（高能放电）	65	18.1
热故障和电故障（过热、高能放电）	36	10.0
电故障（火花放电）	25	7.0
其他（受潮或局部放电）	7	1.9

1．热故障

热故障是由于热应力所造成的绝缘加速劣化，通常具有中等水平的能量密度。实验研究及实践都表明，当故障点温度较低时，油中溶解气体的组成主要是CH_4，随着温度升高，产气率最大的气体依次是CH_4、C_2H_6、C_2H_4和C_2H_2。由于C_2H_6不稳定，在一定的温度下极易分解成C_2H_4和H_2，因此，通常油中C_2H_6的含量小于CH_4，并且C_2H_4和H_2总是相伴而生。

当发生裸金属过热使周围的油受热分解时，产生的气体主要是H_2、CH_4和C_2H_2，电力变压器内部发生这类故障的原因，主要包括分接开关接触不良、引线和分接开关连接处焊接不良、导线和套管连接处导电不良、铁芯多点接地和局部短路过热等因素。

纸、纸板、布带和木材等固体绝缘材料受热分解时，其特征是烃类气体含量不高，所产生的气体主要是CO和CO_2。产生这一内部故障的原因主要包括电力变压器长期过负荷运行使固体绝缘大面积过热，或者是由于裸金属过热引起邻近固体绝缘局部过热。

2．电故障

电故障是在高压电场作用下造成绝缘劣化所引起的电力变压器内部的主要故障，通常按能量密度将电故障分为电弧放电（高能放电）、火花放电（低能放电）和局部放电三种故障类型。

（1）电弧放电。电弧放电多数为线圈匝和层间击穿等故障模式，其次为引线断裂或对地闪络和分接开关飞弧等故障模式。其特点是产气急剧，而且量大，尤其是匝间、层间绝缘故障，因无先兆现象，一般难以预测。产生的特征气体主要是 C_2H_2 和 H_2，但也有相当数量的 CH_4 和 C_2H_4。

（2）火花放电。火花放电指引线或套管储油柜对电位未固定的套管导电管放电引线局部接触不良或铁芯接地片接触不良而引起放电分接开关拨叉电位悬浮而引起放电，产生的特征气体以 C_2H_2 和 H_2 为主。

（3）局部放电。油中的气体含量随着放电能量密度的不同而不同，一般总烃含量不高，特征气体主要是 H_2，其次是 CH_4，通常 H_2 占氢烃总量的 90%以上，CH_4 占总烃的 90%以上。放电能量密度增大时也可出现 C_2H_2，但在总烃中所占比例一般小于 2%，这是区别于上述两种放电现象的主要标志。

3．受潮

当电力变压器内部进水受潮时，能引起局部放电而产生 Hz，水分在电场作用下发生电解，以及水与铁发生化学反应，也可产生大量 Hz。故障受潮设备中在氢烃总量中占的比例更高，有时局部放电和受潮同时存在，其特征气体同局部放电所反映的特征气体极为相似，因此，单靠油中气体分析结果很难加以区分，必要时要根据外部检查和其他实验结果加以综合判断。

2.1.3 DGA 常用的判别方法

对电力变压器油中溶解气体分析数据的判别方法很多，各有其优缺点。国内最常用的方法是电力部颁发的 DL/T 596《电力设备预防性试验规程》（简称规程法）、IEC 推荐的三比值法和改良电协研法等。

1．规程法

电力部 1996 年公布的 DL/T 596《电力设备预防性试验规程》中，规定的油中溶解气体色谱分析试验项目细则如表 2-5 所示，是我国电力系统中对变压器进行色谱诊断的主要依据。

表 2-5　　　　电力变压器油中溶解气体分析试验项目细则

试验周期	试验要求	说明
投运初期，220kV 及以上等级所有变压器、容量 120MVA 以上的发电厂主变压器在投运后 4、10、30 天各进行一次。 运行中，330kV 及以上变压器为 3 个月；220kV 变压器为 6 个月；120MVA 及以上的发电厂主变压器为 6 个月；其余 8MVA 及以上变压器为 1 年	运行设备的油中 H_2 与总烃气体含量超过下列任何一项值时应引起注意： （1）总烃含量＞150μL/L； （2）H_2 含量＞150μL/L； （3）C_2H_2 含量＞5μL/L（500kV 等级变压器为 1μL/L）； 总烃产气速率大于 0.25mL/h（开放式）或 0.5mL/h（密封式），或相对产气速率大于 10%/月，则认为设备存在异常。 如气体分析虽已出现异常，但判断不至于危及绕组和铁芯安全时，可在超过注意值较大的情况下继续运行	总烃包括 CH_4、C_2H_6、C_2H_4 和 C_2H_2 四种气体。 溶解气体组分含量有增长趋势时，可结合产气速率判断，必要时缩短周期进行跟踪分析。 新投运的变压器应有投运前的色谱试验数据

表 2-5 仅给出了判断变压器是否存在异常的“注意值”。由于每台变压器的电压等级、容量、防止油老化的方式各不相同，且有着不同的运行经历，所以作为判断异常的标准也宜有所差别。

2．IEC 三比值法

IEC 三比值法一直是利用油中溶解气体分析（DGA）结果对充油电力设备进行故障诊断的最基本的方法。国际电工委员会（IEC）吸收了 Rogers 比值法（罗杰斯比值法），提出了 IEC 三比值法。Rogers 对 IEEE 和 IEC 的编码给出了详细的解释。我国 1997 年起实施的 DL/T 596《电力设备预防性试验规程》已将方法列为油浸变压器试验项目的首位。IEC 三比值法的编码规则和判断方法如表 2-6 所示。

表 2-6　　　　IEC 三 比 值 法

三比值法的编码规则				
特征气体的比值	比值范围编码			编码说明
	$\frac{C_2H_2}{C_2H_4}$	$\frac{CH_4}{H_2}$	$\frac{C_2H_4}{C_2H_6}$	
＜0.1	0	1	0	如 $\frac{C_2H_2}{C_2H_4}$=1～3 时，编码为 1
0.1～1	1	0	0	

续表

特征气体的比值	比值范围编码			编码说明
	$\frac{C_2H_2}{C_2H_4}$	$\frac{CH_4}{H_2}$	$\frac{C_2H_4}{C_2H_6}$	
1～3	1	2	1	如 $\frac{C_2H_2}{C_2H_4}$=1～3 时，编码为 1
＞3	2	2	2	

故障类型判断

序号	故障性质	编码			典型例子
		$\frac{C_2H_2}{C_2H_4}$	$\frac{CH_4}{H_2}$	$\frac{C_2H_4}{C_2H_6}$	
0	无故障	0	0	0	正常老化
1	低能量密度局部放电	0	1	0	绝缘材料气隙未完全浸渍，存在气泡，含气空腔或高湿度作用
2	高能量密度局部放电	1	1	0	原因同上，但程度已导致固体绝缘产生放电痕迹或穿孔
3	低能放电	1～2	0	1～2	不良接点间或悬浮电位体的连续火花放电，固体材料间的油击穿
4	高能放电	1	0	2	存在工频续流，相间、匝间或绕组对地电弧击穿，有载分接开关切断电流等
5	＜150℃低温过热故障	0	0	1	一般为过负荷或油道堵塞造成的绕组或铁芯过热
6	150～300℃低温过热故障	0	2	0	磁环流引起的铁芯局部过热；漏磁集中；涡流引起的铜过热；接头或接触不良；铁芯多点接地
7	300～700℃中温过热故障	0	2	1	
8	＞700℃高温过热故障	0	2	2	

注 表中引用的仅是典型值，在实际应用中可能存在没有包括在表中的比值组合。

3．改良电协研法

日本的电协研法对 IEC 三比值进行了改进，把与编码相应的比值范围的上下限作了更明确的规定，并把故障分类予以简化，提出了日本当前广泛应用的电协研法，其判断准确率可以达到 81%以上。我国湖北电力试验研究所在此基础上提出了改良电协研法，改良电协研法的编码规则如表 2-7 所示。

表 2-7　　　　改 良 电 协 研 法

改良电协研法编码规则			
特征气体的比值	比值范围编码		
	$\frac{C_2H_2}{C_2H_4}$	$\frac{CH_4}{H_2}$	$\frac{C_2H_4}{C_2H_6}$
<0.1	0	1	0
≥0.1～<1	1	0	0
≥1～<3	1	2	1
≥3	2	2	2

故障类型判断			
编码组合			故障类型诊断
$\frac{C_2H_2}{C_2H_4}$	$\frac{CH_4}{H_2}$	$\frac{C_2H_4}{C_2H_6}$	
0	1	0	局部放电
	0	1	低温过热（低于 150℃）
	2	0	低温过热（150～300℃）
	2	1	中温过热（300～700℃）
	0，1，2	2	高温过热（高于 700℃）
2	0，1	0，1，2	低能（火花）放电
	2	0，1，2	低能（火花）放电兼过热
1	0，1	0，1，2	电弧放电
	2	0，1，2	电弧放电兼过热

注　“010”也可能是由于进水对铁腐蚀而产生高含量的氢，这时有必要测定油中含水量。

2.1.4　人工智能应用于 DGA 故障诊断的研究现状

将智能技术用于设备与系统故障诊断的研究始于 20 世纪 60 年代航天部门对机械设备与系统的故障预防。在电力系统中的应用，较早文献在 1986 年。随着计算机技术的飞跃发展，智能技术也得到了新的进展，对于将人工智能的方法运用到变压器的绝缘故障诊断中，国内外的专家学者已开展了不少工作也取得许多成果。20 世纪 90 年代末这一领域运用较多的智能技术有专家系统、模糊数学、人工神经网络、遗传算法、决策树、多元统计分析、援例推理等。

在众多的智能诊断技术中，人工神经网络（ANN）具有自组织、自学习的能力，并可实现并行处理和非线性映射，因此成为最常用、最有前途的故障诊断知识获取途径。在油中溶解气体分析结果的基础上，结合人工神经网络技术进行设备的故障诊断已成为研究热点。国内外许多学者在这方面做了大量的研究，这些研究可分为两大类：一类结合了电力变压器故障诊断特点，对神经网络结构进行了较深入的研究；另一类与其他智能技术相结合进行分析诊断。国内外研究表明：用神经网络进行故障诊断是一种很有前途的方法，尤其针对难以描述故障类型与故障信号之间的逻辑关系及无法对专家经验作明确表达等场合。但神经网络也有其局限性：神经网络极易陷入局部极小点，收敛速度较慢；知识推理能力弱，知识可移植性差；现有的网络算法均存在不同程度的不足，制约着故障诊断准确度的提高，从而影响了它的应用程度。正因为如此，我国电气绝缘故障诊断领域的学者们一直在坚持不懈地努力，并取得了一些成果。

2.1.5 小结

本节深入探讨了电力变压器油中溶解气体的产生原理、产生过程及溶解机理，研究了油中溶解气体的组分、含量和产气速率与变压器故障类型和故障部位的关系。通过对运行中的电力变压器定期分析溶解于油中气体的组分、含量和产气速率，就能够及早发现电力变压器内部存在的潜伏性故障，判断是否会危及变压器的安全运行。

2.2 变压器绕组变形带电检测与故障诊断技术

2.2.1 研究现状

变压器绕组故障主要为在电磁力或者机械力作用下，绕组的机械结构发生的不可恢复改变，常见的故障包括绕组松动、翘曲、鼓包及错位等。由于变压器内部机械、电气结构复杂，一旦绕组机械结构发生改变，随之而变化的特征参量较多，因此针对不同特征量的监测引申出了多种变压器绕组状态监测方案。

目前较为常用的包括短路阻抗法、频率响应法、扫频阻抗法、低压脉冲法以及振动信号分析法等。其中，振动信号分析法主要通过以变压器箱体振动信号作为其绕组状态的诊断依据，振动信号分析法的主要优势有：

（1）传感器通过永磁体吸附的方式“粘贴”于变压器箱体表面，同电力系统间无电气连接，避免了测试时对人身安全的威胁；不受变电站内电磁干扰影响，降低了信号提取处理的难度。

（2）测试过程不影响变压器内部结构，对其正常运行无影响。

（3）传感器尺寸小，设备便于携带，具备现场测试的可行性。

（4）变压器箱体振动同铁芯及绕组机械状态密切相关，振动信号中包含丰富的状态信息。

变压器振动是由其本体（铁芯、绕组等的统称）以及冷却装置的振动引起的，振动产生及传播过程如图 2-1 所示。其中，绕组振动主要由通电流线圈在漏磁场中所受动态电磁力引起，而铁芯的振动主要由硅钢片的磁致伸缩现象以及硅钢片之间由涡流作用引起的电磁力产生。由图 2-1 可见，变压器振动和噪声信号能够最直接反映其内部机械结构的改变，因此将其作为变压器状态诊断依据的科学性和可靠性不言而喻。

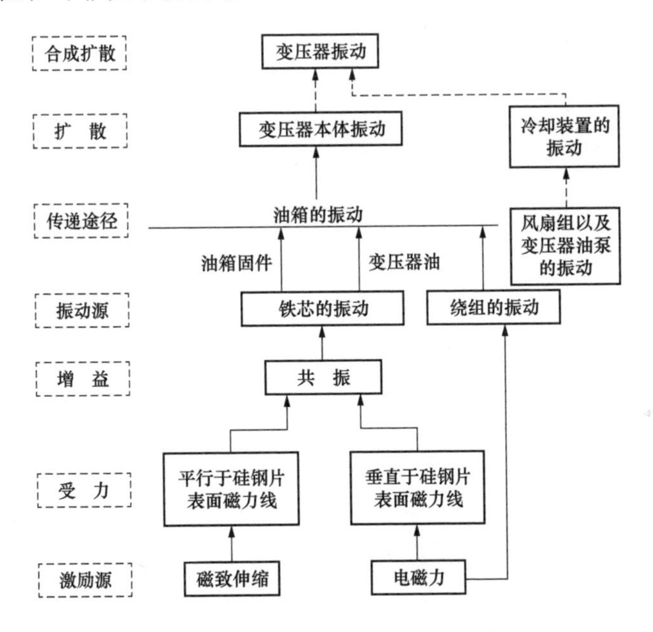

图 2-1　变压器振动产生及传播示意图

2.2.2 变压器振动机理

1．绕组振动机理

由于变压器内部漏磁场的存在，当变压器正常运行时，通有交变电流的绕组线圈将因受到电磁力的作用而产生轴向振动。在绕组轴向动力学问题的研究过程中，往往将饼式绕组线圈的轴向结构简化为质量—弹簧数学模型，如图 2-2 所示。在该数学模型中，绕组上下压板被认为是刚体，其位置固定、不发生位移；每层线饼可等效为质量模块，而绕组线饼间的绝缘垫块则可认为是为弹性元件。

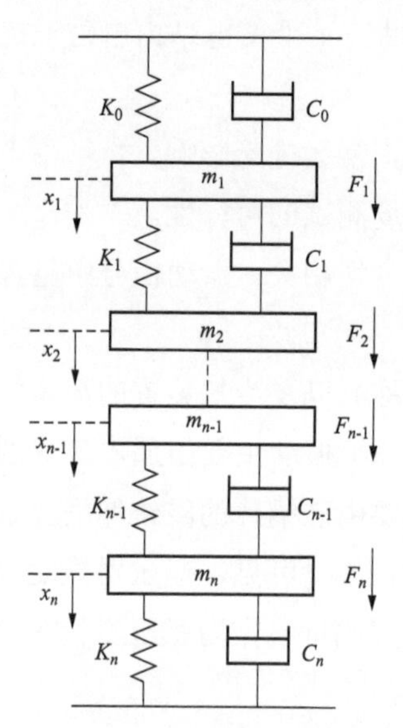

图 2-2 饼式绕组质量—弹簧数学模型

图 2-2 中，m_i 为第 i 层线饼质量，F_i 为第 i 层线饼所受电磁力，x_i 为第 i 层线饼位移，K_i 为弹性系数，C_i 为阻尼系数。基于该模型，通过建立并求解运动微分方程组的方式，对绕组的位移、速度以及加速度进行计算分析。

通过推导可得到简化的绕组振动加速度为

$$\begin{aligned} a &= \frac{\mathrm{d}^2 x}{\mathrm{d}t^2} \\ &= -\omega_{\mathrm{a}}{}^2 A \mathrm{e}^{-\frac{C_t}{2M}} \sin(\omega_{\mathrm{a}} t + \alpha) - pI_m{}^2 D \sin(2\omega t + 2\varphi_0 + \beta) \end{aligned} \tag{2-1}$$

其中

$$\omega_{\mathrm{a}} = \sqrt{\frac{K}{M}}$$

式中 A、D、α、β——同初始条件以及变压器自身参数相关的常数。

根据式（2-1）可知，变压器绕组振动加速度由一个频率为 2 倍电源频率的稳态量和一个衰减量组成。因此，实际稳态运行的电力变压器振动信号中仅包含稳态分量，即变压器绕组振动信号以电源频率的 2 倍（国内≈100Hz）为振动基频。

2．铁芯振动机理

电力变压器铁芯振动主要由铁芯励磁时，硅钢片尺寸的变化（磁致伸缩现象）以及硅钢片接缝处和叠片之间的漏磁所产生电磁力引起。由于现代变压器制造工艺的进步，铁芯叠积方式被优化改进，由叠片间漏磁产生的铁芯振动信号较小，几乎可以忽略，而硅钢片磁致伸缩现象能量较大，不易控制，故认为变压器铁芯的振动基本由硅钢片磁致伸缩的程度来决定。

铁芯振动情况主要由硅钢片磁致伸缩率决定，在通常情况下，磁致伸缩率由式（2-2）进行求解

$$\varepsilon = \Delta L / L \tag{2-2}$$

式中 ε——磁致伸缩率；

ΔL——励磁时硅钢片长度变化量；

L——原始状态下硅钢片长度。

国内外大量试验研究表明，硅钢片的磁致伸缩率与材料、绝缘涂层、含硅量、磁感线与硅钢片压延方向夹角、铁芯磁通密度、所受应力、叠片形式、退火工艺以及温度等多种因素有关。

假设电源电压为$U_1=U_s\sin\omega t$，根据电磁感应原理，铁芯中产生的磁感应强度可表示为

$$B=\frac{\phi}{S}=\frac{U_s}{\omega NS}\cos\omega t \tag{2-3}$$

为了简化问题，假设变压器铁芯内部磁场强度和磁感应强度是线性关系，可以推导出由磁致伸缩引起的铁芯硅钢片振动加速度为

$$a_c=\frac{d^2\Delta L}{dt^2} \quad =-\frac{2L\varepsilon_s U_s^2}{(NSB_s)^2}\cos 2\omega t \tag{2-4}$$

式中 N——匝数；

ε_s——铁芯硅钢片饱和磁感应强度；

B_s——铁芯饱和磁感应强度。

由式（2-4）可知，振动加速度数值同电压平方呈正比，即

$$a_c \propto u_s^2 \tag{2-5}$$

同时可知，如果变压器运行频率为50Hz，则变压器铁芯硅钢片的本体振动以电源频率的两倍100Hz为基频，但铁芯振动信号中同时也含有大量高次谐波成分。考虑变压器铁芯材料存在非线性，个别硅钢片可能存在磁性不同，当铁芯振动很大时，硅钢片将产生横向振动，使铁芯中实际的磁通密度不再是理想

的正弦信号，导致振动信号中高次谐波成分相应的增加。

2.2.3 基于振动的绕组变形诊断技术

基于压电式加速度传感器的变压器箱体振动测试系统如图 2-3 所示。

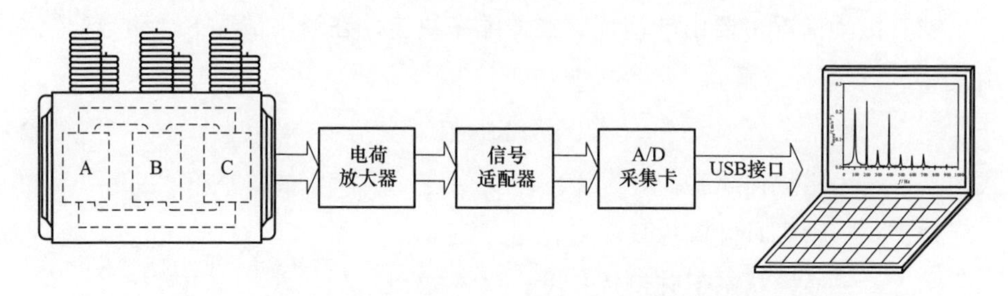

图 2-3 基于压电式加速度传感器的变压器箱体振动测试系统

压电式加速度传感器电压灵敏度为 300mV/g，分辨率为 0.001m/s^2，无阻尼固有频率为 25kHz，安装谐振频率为 16kHz，对地绝缘电阻＞$10^8\Omega$，满足变压器绕组及铁芯振动测试的要求。变压器油箱本身可近似认为是线性结构，而且其低阶模态的自然频率远低于绕组和铁芯振动的频率，不会改变由绕组和铁芯传递到油箱的振动特性，故油箱表面上的绕组振动 100Hz 成分理论上与负载电流平方成正比。压电式加速度传感器利用永磁体吸附的方式“粘贴”在变压器油箱表面。

对于振动信号的处理，主要通过时域以及频域波形上提取特征值的方式进行，由于实际运行的电力变压器振动信号中，除基频 100Hz 分量外，还复合有多种高次频率的谐波，时域波形较为复杂，因而在针对其振动信号进行分析时，主要对频域波形进行研究。在对振动频域信号进行分析时，主要提取以下五个特征值：

（1）基频。在电源频率为 50Hz 的系统内，振动基频为 100Hz。

（2）幅值 S_f。振动频谱中频率 f 处所对应的振幅。

（3）主要频率。振动频谱中振幅最高的频率。

（4）频率比重 p_f。$p_f=S_f^2/\sum\limits_{f=100}^{1200}S_f^2$，频率比重主要表征频率 f 处的谐波分量所占比重（从能量的角度计算），一般认为变压器箱体振动频率以电源频率的两倍为基频，根据对变压器振动信号特性的研究，其频率范围基本处于 100～1200Hz 的频率区间内。

（5）频谱复杂度。$H=\left|\sum_{f=100}^{1200} p_f \log_2 p_f\right|$，频谱复杂度主要表征频谱中频率成分的复杂性，该值越低时，频谱中能量越集中在某些特征频率，该值越高则表明频谱中的能量越分散。

对振动信号特征值的归一化。由于变压器的电压等级、内部结构以及生产厂家等因素都对其振动信号存在相当大的影响，而实际运行中的变压器停运进行检修是非常复杂的，因此，对于变压器故障诊断的精度要求极高，所以在以振动信号作为故障诊断判据时，采用与同台变压器历史振动数据比对的方式来进行，因此电压等级以及变压器结构对于变压器振动信号的影响可以略去。

故障诊断由主要判据来实现，而故障的识别分类则由各辅助判据来实现，在整个状态监测中，主判据和辅助判据相辅相成，图 2-4 所示为基于振动信号

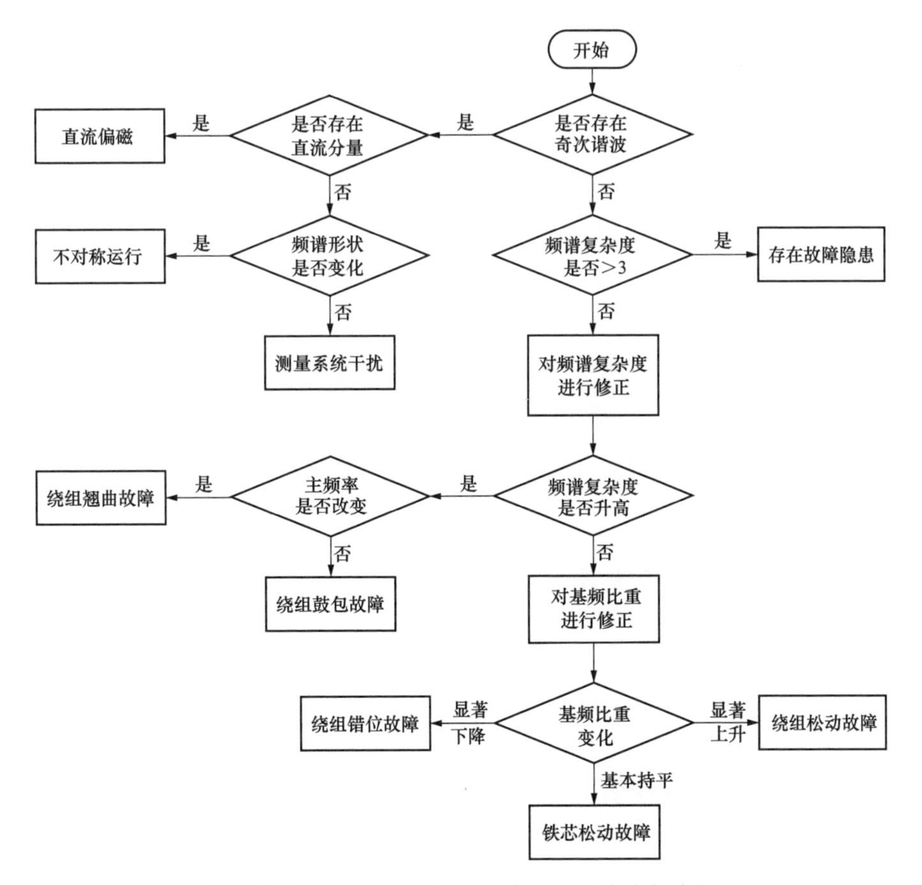

图 2-4　基于振动信号分析的变压器故障诊断流程

分析法的变压器故障诊断流程。通过该流程可基本识别变压器铁芯松动、绕组松动、绕组错位、绕组翘曲、绕组鼓包、不对称运行以及直流偏磁的影响。

首先，根据振动信号频谱中是否存在奇次谐波可将直流偏磁和不对称运行同其他绕组和铁芯的机械故障区分；然后，频谱复杂度的变化趋势可以将五种绕组及铁芯机械故障分为两类，故障时频谱复杂度升高的是绕组鼓包和绕组翘曲，频谱复杂度降低的是铁芯松动、绕组松动和绕组错位；最后，通过辅助判据主频率区分绕组翘曲和鼓包故障，通过基频比重的变化区分铁芯松动、绕组松动和绕组错位三种故障。

2.3 变压器局部放电带电检测与故障诊断技术

在维护得当时，电力变压器的正常使用寿命一般为 40 年，在其整个寿命周期内也不会出现故障。但由于各种突发的短路与过电压、受潮等因素影响，变压器寿命可能会大大缩短。最严重的突发短路事故产生的机械应力可能会导致绕组径向形变和套管连接线处的电缆损坏等事故。随着运行时间不断增加，这些突发事故可能会引起局部放电现象。因此，对局部放电进行带电检测能够有效地发现设备内部的缺陷并对设备内部材料劣化速度进行评估。局部放电测量一般可按照 IEC 60270《高压试验技术　局部放电测量》和 IEC 60076《电力变压器》系列标准进行，同时也有多种新的检测手段，如基于超声或特高频传感器的 IEC/TS 62478《高压试验技术　局部放电的电磁和声学测量方法》标准中提出的方法。这些检测手段可能提供更高的灵敏度，更强的局部放电源定位能力，以及更好的局部放电源识别方法。

2.3.1 特高频局部放电带电检测技术

随着对电力变压器局部放电脉冲所辐射电磁的认识的不断深入，特高频局部放电检测技术得到了深入的研究，同时，由于其安装成本低，且较高的检测频带对抑制噪声有很大优势，使其成为变压器局部放电检测方法所研究的重点。局部放电所辐射的电磁波的频谱特性与局部放电源的几何形状以及放电间隙的绝缘强度有关：当放电间隙比较小时，放电过程的时间比较短，电流脉冲的陡度比较大，辐射高频电磁波的能力比较强；当放电间隙的绝缘强度比较高时，

击穿过程比较快，此时电流脉冲的陡度比较大，辐射高频电磁波的能力比较强。发生在电力变压器油中的局部放电脉冲非常符合上述理论。研究表明，该类放电脉冲可以辐射上升沿达到 1～2ns、频率达到数吉赫的高频电磁波，即一种横电磁波（TEM），该电磁波的能量以固定的速度沿电磁波的传播方向流动。通过耦合这种以 TEM 波形式传输的电磁信号，就可以监测到变压器内部的局部放电，并进一步认识其绝缘状态。这种监测方法称作特高频监测方法。局部放电特高频测量的测量中心频率通常在数百兆赫、带宽为几十兆赫。通常，特高频范围内（300M～3000MHz）提取局部放电产生的电磁波信号，包括电气设备外部引线上电晕在内的外界干扰信号几乎不存在，检测系统受外界干扰影响小，因而能较有效地抑止外部干扰和提高信噪比，变压器局部放电特高频在线监测系统的基本结构如图 2-5 所示。

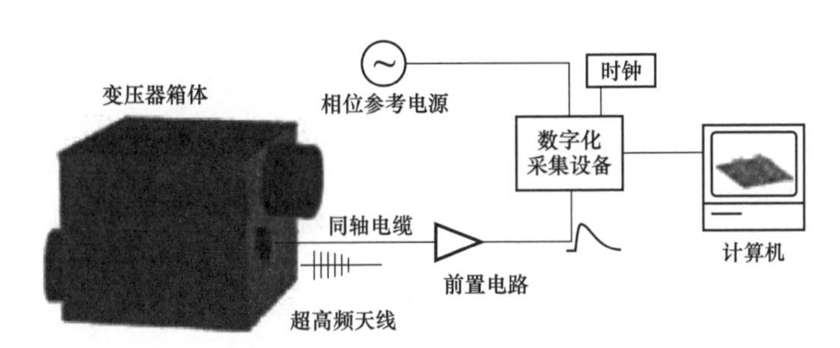

图 2-5　变压器局部放电特高频在线监测系统示意图

2.3.1.1　特高频信号产生机理

变压器局部放电特高频监测的基础和关键技术之一是提取绝缘缺陷局部放电特高频信号。变压器局部放电脉冲电流产生的过程中，首先是一些原子或分子的自由电子被从原子或分子的外围剥离出来，并在电场的作用下加速，宏观上表现为电流幅值迅速上升。经过很短的一段时间，电子再一次成为自由电子，加速停止，宏观上表现为电流幅值迅速衰减，当电荷不以一个恒定速度运动时，就会发射出瞬态电磁场。这个瞬态电磁场从放电源向空间的各个方向辐射出来，电磁波的能量随着局部放电信号的消失而消失。

局部放电产生的电磁波是以速度 v 沿着 r 方向传播出去的，它是时间与位置的函数，是一种横电磁波（TEM）。该电磁波的能量以速度 v 沿着 r 方向分布，即沿电磁波的传播方向流动。

2.3.1.2 特高频局部放电传感器

一般而言，获取变压器内部局部放电特高频信号所常用的传感器是天线。特高频天线是变压器局部放电特高频检测中最重要的部分，检测带宽几乎与检测到的局部放电脉冲的能量成正比关系，因此选择宽频带的天线对检测局部放电脉冲十分有利。局部放电脉冲的能量会随其发生位置不同和传播路径不同发生很大变化，这种情况同样要求天线具有宽频带的特性。应用于局部放电检测的特高频天线种类很多，双臂阿基米德平面螺旋天线、偶极子天线、倒锥状的天线在油中的局部放电检测方面已进行过大量研究。其他类型的天线如圆板天线、圆环天线等，也很早应用在了局部放电检测中。

天线的放置位置对于特高频检测灵敏度的大小至关重要。变压器的外壳铁箱把很大部分的放电辐射屏蔽掉，但仍有少量电磁波由接缝及出线端口散出，而设备出口导线与地线上的脉冲波也会产生一定辐射。由于导线上的电感及辐射损耗，辐射强度沿出口导线衰减很快，因此，将天线放置于变压器箱体以外，特高频检测法的灵敏度较低。将天线放置于变压器内部，不仅可以提高检测灵敏度，还能减少变压器的外部干扰。

2.3.1.3 特高频局部放电电磁干扰抑制方法

虽然特高频检测方法可以有效抑制低频电磁干扰，但一些通信干扰、检测设备的热噪声、系统白噪声以及来自硅堆的操作过电压都会干扰对特高频信号的检测、识别和分析。通常，抗干扰技术包括硬件滤波技术和软件滤波技术，通过对系统硬件的设计，可以在一定程度上抑制某些类型的干扰，但由于现场干扰的复杂性，仅仅依靠硬件滤波不能达到满意的结果。随着现代数字信号处理技术的发展，特高频局部放电在线监测抗干扰的手段开始向软件的方向发展，在实际应用中取得了良好的抗干扰效果。

2.3.1.4 典型局部放电谱图特征及频谱范围

变压器局部放电的放电类型主要有油中针板放电、绝缘纸板沿面放电、绝缘纸板内部气隙放电、油楔放电、悬浮放电。研究表明，随实验电压的增加，放电信号所对应的频谱分布变化不大，只是幅值有所增大，油中针板放电产生的特高频电磁波主要集中在 1000MHz 以下，绝缘纸板沿面放电主要集中在 500～800MHz 的频带内，绝缘纸板内部气隙放电主要集中在 400～1000MHz，油楔放电主要集中在 300～1000MHz，悬浮放电则广泛分布在整个测量频带内。

1．针板放电

与空气中针板放电相比，油中针板放电不稳定，当针板距离较小时，往往在观察到明显的局部放电以前放电即已击穿。而且，即使观察到放电，其放电特征也有较大的随机性，这可能与变压器油中含有杂质有关，因为杂质对工程用液体介质击穿过程有重大影响，因此一般采用油中针板放电模型进行研究，见图 2-6。

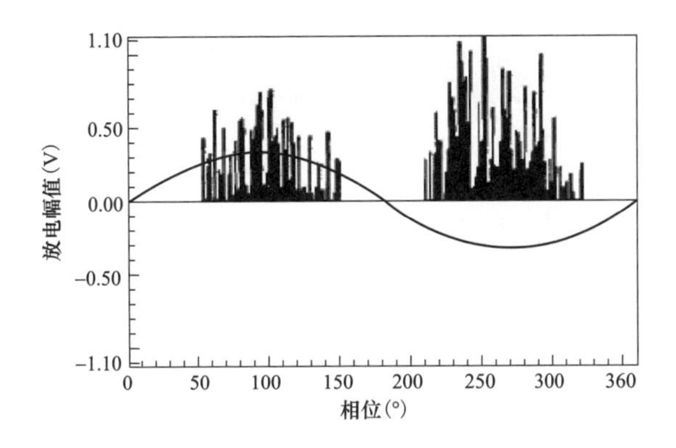

图 2-6　油中针板放电下 U_{max}-ϕ图

2．沿面放电

一般采用板-板电极下绝缘纸板的放电过程模拟变压器油中绝缘纸板沿面放电。油中沿面放电较低电压下即可出现，正负半周的放电几乎在相同电压下产生，但放电很不稳定，通常发生几次后，放电停止，继续加压，放电重新出现，发生几次后放电又停止，如此反复。沿面放电下 U_{max}-ϕ图如图 2-7 所示。

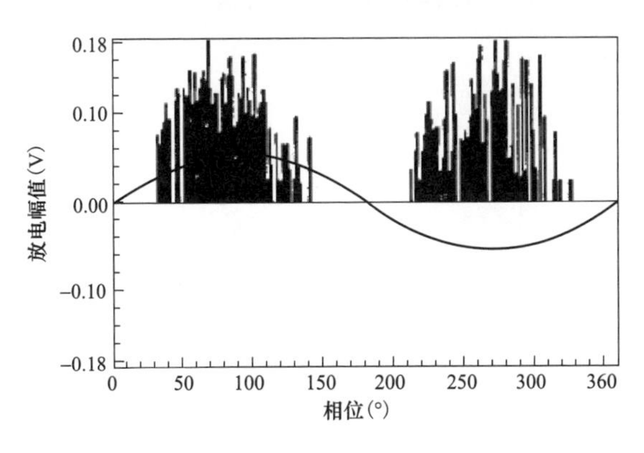

图 2-7　沿面放电下 U_{max}-ϕ图

3．内部放电

放电模型为两板电极间加一带气隙的绝缘纸板，为避免变压器油进入气隙中影响实验结果，绝缘纸板之间用一层非常薄的环氧树脂胶粘合，实验前绝缘纸板需经充分浸油处理。内部放电下 U_{max}-ϕ图如图 2-8 所示。

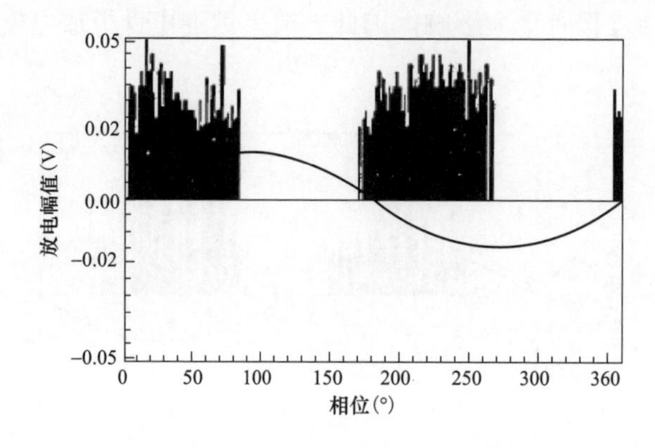

图 2-8　内部放电下 U_{max}-ϕ图

4．油楔放电

楔形油隙是变压器中的绝缘弱点，油楔放电具有很大的随机性，放电在较高电压下突然出现。油楔放电下 U_{max}-ϕ图如图 2-9 所示。

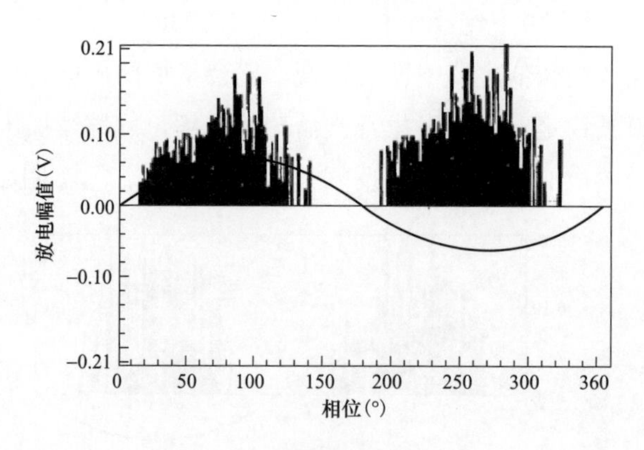

图 2-9　油楔放电下 U_{max}-ϕ图

5．悬浮放电

一般采用板-板电极中夹绝缘纸板，在绝缘纸板内部预置细导线的方法模拟悬浮电位。此时细导线曲率半径小，电位不定，容易对电极放电。在电场不均

匀度较低时，悬浮电位体放电起始场强大，放电较难发生，一旦发生其幅值较大，但放电谱图特征变化不明显。悬浮放电下 U_{max}-ϕ图如图 2-10 所示。

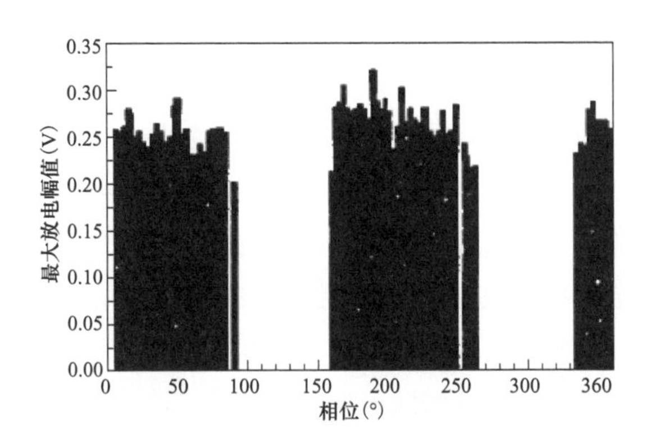

图 2-10　悬浮放电下 U_{max}-ϕ图

2.3.1.5　结论

研究表明，局部放电产生的特高频信号和传统的脉冲电流信号既相互联系，也有所分别。放电特征有相似之处，如相位特征比较一致，又有区别，放电量峰值不一定与电压峰值相同，PRPD 图谱的形状也有所区别。通过分析和研究已有的实验数据，有许多人提出了大量基于放电特征特别是放电相位特征的变压器局部放电模式识别方法。目前应用的变压器局部放电特高频在线监测系统充分发挥了特高频带局部放电检测技术的优点。开发的系统可在不同电压等级、不同类型的变压器上使用，并可在特高频段对电力变压器进行局部放电实现带电检测。

2.3.2　超声局部放电带电检测技术

变压器内部发生局部放电时，会产生超声压力波，其在不同介质（油纸、隔板、绕组和油等）中以球面波的方式向四周传播，因而，可以把超声波传感器固定在变压器油箱壁上来检测局部放电。该方法可以避免电磁干扰的影响，且易于带电检测。但超声波在变压器内部的传播是一个很复杂的过程，且衰减严重，因而到达油箱壁外的超声信号很微弱。而且，目前还无法利用超声波信号对局部放电进行模式识别和定量分析，因此它主要用于定性分析局部放电信号的有无，定位局部放电发生位置，或作为一种辅助测量方法，与其他检测方法联合使用。

2.3.2.1 局部放电超声信号产生机理

局部放电产生超声波的特点，有利于人们了解局部放电的特征，对深入研究变压器绝缘系统中局部放电产生超声波的机理具有重要意义。大型电力变压器基本上采用油、油纸绝缘形式，局部放电一般发生在绝缘薄弱或电场强度偏高的部位。按部位来分，放电主要发生在引线接线处、纸板和压板、围屏、端部油楔、金属尖端、变压器油以及套管等部位。从放电的形式来看，可能是气隙放电、沿面放电和电晕放电等类型，因此变压器内局部放电是一个比较复杂的物理过程，但最为常见的局部放电是油中存在气泡或油、纸绝缘内部由于浸渍不充分，形成固体绝缘中的气隙，从而引发的气泡（气隙）放电。

2.3.2.2 局部放电超声信号传感器

超声波是一种振动频率高于声波的机械波，由换能晶片在电压的激励下发生振动产生，它具有频率高、波长短、绕射现象小，特别是方向性好、能够成为射线而定向传播等特点。超声波对液体、固体的穿透本领很大，尤其是在阳光不透明的固体中，它可穿透几十米的深度。超声波碰到杂质或分界面会产生显著反射形成反射成回波，碰到活动物体能产生多普勒效应。超声波传感器是利用超声波的特性研制而成的传感器。超声波传感器具有高灵敏度、体积小、质量轻、较牢固、高精度、一致性好、功耗低以及在污染环境中使用的优点。

超声波传感器的主要性能指标包括：

（1）工作频率。工作频率就是压电晶片的共振频率。当加到两端的交流电压的频率和晶片的共振频率相等时，输出的能量最大，灵敏度也最高。

（2）工作温度。由于压电材料的居里点一般比较高，特别是诊断用超声波探头使用功率较小，所以工作温度比较低，可以长时间地工作而不失效。

（3）灵敏度。主要取决于晶片自身，机电耦合系数大，灵敏度高；反之，灵敏度低。

2.3.2.3 局部放电超声信号检测系统

变压器局部放电过程中会在放电点的位置产生超声波。局部放电超声定位可以分为电声定位、声声定位，其做法都是将超声波传感器放置在变压器箱壁上的几个点组成声测阵列，各传感器测量的放电点发出的超声信号，通过延时算法计算出放电点发出的超声信号到达不同传感器之间的时间差。

在现场环境恶劣，干扰信号比较多的情况下，要想接收到真实的放电信号，除了对传感器的性能要求比较高之外，还要尽量保证在信号的传输和处理上面再引入干扰信号。声声定位的主要依据就是超声波传播到传感器之间的相对时间差，因此时延估计的精确度直接影响了定位精度。传统的声声定位时延估计采用硬件的电平法，该方法受电平大小和信号波形的影响造成时延估计误差很大。

2.3.2.4 *局部放电超声信号目前的问题*

电力系统现场的变压器局部放电定位过程中，由于受到电磁干扰等原因往往无法可靠的得到电气信号。因此声声定位法是国内外局部放电超声定位研究的重点，绝大多数检测设备制造厂家也在对声声定位进行研究。就目前的研究进展来看，局部放电声声定位成功率不高，定位精度不高，其原因主要是以下三个方面的问题：

（1）时延估计问题。由于变压器内部结构复杂，超声波在变压器内部传播时会发生多次折反射，再加上现场各种噪声的影响，实际的时延估计往往不能准确地得到用于定位的时间信息。据理论值和实测值相比较误差通常在数毫秒到数十毫秒之间，检测中误差不可避免。这将给定位造成一定的误差甚至造成定位不能成功。可以说，时延估计误差是定位的主要问题。

（2）定位算法问题。声声定位算法，从非线性算法、最小二乘法线性算法，到基于模式识别的定位算法及基于遗传算法的定位算法，就其本身讲，计算误差很小。如果时延估计没有误差，定位结果将非常准确。但这些方法都对时延估计结果有很强的依赖性。

（3）传播途径的影响。由于超声波在传播过程中存在全反射现象，因此在定位时需要将传感器放置在顶角为 26.2 的油箱面上圆形区域。如果有传感器放置在上述区域以外，则由于传播路径的影响，即便在时延估计较准确的情况下，计算结果与实际的放电点仍有一定的偏差。解决此问题的方法显然有两种：或者是保证将传感器全部放置在超声波直达路径范围内，或者是在定位算法中考虑传播路径的影响。但是由于放电点事先未知，这两种方法在实际中应用都存在困难。

总之，为保证定位的成功率提高定位的精确度，就必须避开时延估计误差选择合适的定位算法以及在定位中考虑传播途径的影响。

2.4 变压器绕组温度带电检测与故障诊断技术

2.4.1 变压器绕组温度带电检测研究背景及意义

长期运行经验表明，变压器的电压、容量等级越高，发生故障的可能性就越大。因此对于运行中的大容量变压器，常采用如局部放电监测、油溶解气体分析、绕组频响分析、箱体振动分析、温度监测等多种在线监测手段，以确保其持续稳定运行。其中，变压器温度监测因为其直观、方便、有效等特点，成为一种广泛使用的重要监测方法。为确保变压器持续稳定运行，国内外均对变压器运行温度限定值作出了明确的规定，国际上普遍采用 IEC 60076-7 标准及 IEEE C57.91 导则，而国内则根据国情制定了 GB/T 1094.7《油浸式电力变压器负载导则》(简称《负载导则》)，并规定了不同容量各类负载下的变压器油顶层温度（或称顶油温度）和热点温度限定值。

顶油温度作为一个重要的运行指标，绝大多数变压器均设有相应的测量装置。而热点温度通常指变压器内部最热点的温度，大多数情况下出现在绕组上，也有可能由于涡流损耗的影响出现在变压器箱体表面或其他金属部件上。除非获取热点温度出现的确切位置，否则很难准确测量到实时运行中变压器的热点温度值。而仪表中显示的绕组温度通常都是根据热模拟法计算得到的，并不是实际测量得到的温度值。

由于热点温度值通常较高且变化速率较快，运行中的变压器在仅能得到顶油温度或绕组温度而无法获取热点温度的情况下，是不能完全反映出变压器运行状况的。因此出于安全因素考虑，对于国内绝大多数的 220kV 及以上电压等级的变压器，其运行容量都远低于额定值，以避免变压器温度过高造成绝缘材料劣化引发故障，这就使得大部分变压器的运行效率都非常低。事实上，即使可以通过光纤或其他测温装置实时获得变压器的顶油及热点温度，但仅是停留在“监测”阶段，无法对温度进行有效地预测及分析，也就无法得到对变压器实际运行能力的合理评估。

由此可见，对于绝大多数正常运行但却无法获取热点温度的变压器，需通过某种方法对其进行测量或计算，并在实时获取变压器顶油及热点温度的基础

上，进一步对其进行分析及预测，这对于维持变压器运行稳定性、提高变压器运行效率、评估变压器运行能力等具有非常重要的意义。

2.4.2 变压器绕组温度带电检测研究现状

获取变压器热点温度的方法有多种，主要分为测量法与计算法，其中测量法主要指光纤测温法及热电偶测温法，而计算的方法则主要包括了数值计算法、人工智能算法及热路模型法。

2.4.2.1 测量法

测量法指直接利用测量装置对变压器热点温度进行测量的方法，常用装置为光纤及热电偶测温装置。将光纤探头埋入变压器绕组的不同位置，即可得到绕组温度的分布情况，如图 2-11 所示，类似的产品如加拿大 Neoptix 公司生产的 T/Guard 变压器绕组温度光纤测温仪等，均得到较为广泛的应用。我国在光纤测温技术方面的研究起步较晚，虽已有较多成型产品出现，但在测量准确性及稳定性方面仍有较大提升的空间，保定天威保变电气股份有限公司、特变电工股份有限公司等均已有内设光纤测温装置的变压器出厂，但测量可靠性还需进一步验证。

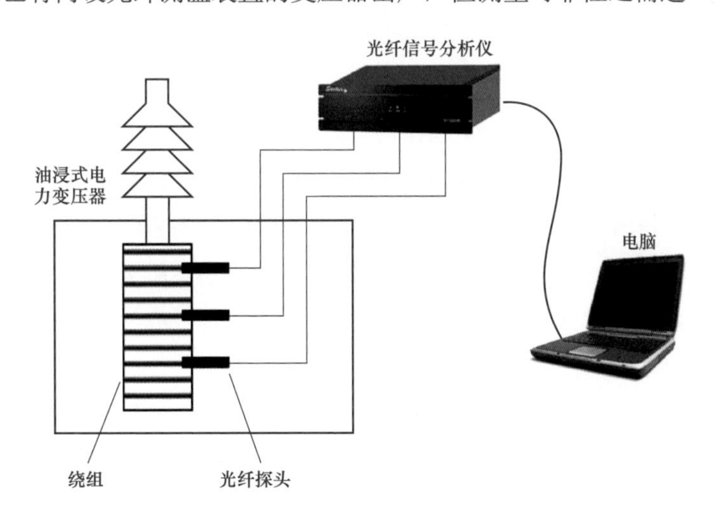

图 2-11 光纤测量变压器温度原理图

与光纤测温装置类似，热电偶测温装置也需要将探头埋入变压器内部，才能获取准确的温度。光纤测温具有灵敏度高、抗干扰能力强、耐高温、体积小等特点，非常适用于变压器内部温度的测量环境，但其价格较为昂贵；热电偶测温装置较为便宜，但测量精确度和抗干扰能力则相对较差。无论是光纤还是热电偶，都需要将探头埋入变压器绕组线饼中，这就需要在精确性与安全性之间做出权衡：若探头埋设过少，则很难测量到真正的绕组热点温度位置；若埋设过多，不但造价昂贵，同时也有可能引起绕组间短路等故障，影响变压器的安全运行。

2.4.2.2 计算法

对于在运变压器更适合用计算的方法获取其内部温度值，下面对几种常用的计算变压器内部温度的方法进行简要介绍。

1．数值计算法

利用数值计算法计算变压器内部温度，主要是基于传热学及流体力学等理论对绕组与油之间的传热过程进行分析，建立微分方程并确定边界条件，进而对变压器绕组及其流经其周围油的温度进行求解。

21世纪相关计算软件得到了极大的应用，对于变压器内部温度的数值计算研究也从简单的二维转向更为复杂的三维运算，借助于计算机及软件，在计算变压器绕组、油流的温度分布时不但可以将模型细化、计及涡流损耗发热等之前无法考虑到的影响因素，其计算结果也更加精确。基于此，国内外研究人员利用有限元法或其他方法对变压器绕组和油流的温度分布等问题做出了大量研究工作。

无论是二维还是三维分析，数值计算法都是基于实际传热过程对热场及流场进行求解，在其求解域内不但可以得到详细的温度、位置信息，而且具有足够高的精度，是所有结果中最为接近变压器实际温度的方法。但是，此方法需要变压器绕组线饼、油道、散热器等结构的详细尺寸，所需参数过多且较难获得，计算量大、实时性差，因此不适于在运变压器实时温度的计算。

2．人工智能算法

20世纪末，人工智能技术得到迅速发展，越来越多的智能算法开始在电力系统中得到应用，其中，人工神经网络（Artificial Neural Networks，ANNs）的应用最为广泛。人工神经网络是由大量简单的基本元件——神经元相互连接，通过模拟人的大脑神经处理信息的方式，进行信息并行处理和非线性转换的复杂网络系统。

人工智能算法是生物、数学、机械等多学科的完美融合，一般都具有很好的数据并行处理能力及自学习能力，强大的存储及预测功能，适合处理复杂的计算问题，因此并不需要过多的参数及理论分析，也可以得到较为准确的变压器内部温度。但是，大多数智能算法都需要大量的数据进行学习、识别，而有限的数据并不能完全包含所有信息，所以利用人工智能算法无法考虑到实际变压器运行情况及环境因素的影响，也难以对运行中变压器的内部温度做出准确预测。

3．热路模型算法

以热电类比理论为基础的热路模型法，将变压器中热量从内到外传递的过程简化为非线性电路的求解过程，根据建立模型的不同可以得到变压器内部不同位置的温度值究。对于变压器热点及顶油温度，IEC 60076-7 标准、IEEE C57.91 导则均给出了计算暂态及稳态温度的经验公式，GB/T 1094.7《油浸式电力变压器负载导则》也提出了计算温升的微分方程法及指数法，这些公式和方法均可基于传热学原理从热路的角度进行解释，可认为是对热路模型法的简化，因此也归为热路模型算法中。但由于简化后的经验公式并不能完全反映变压器内部热量的传递过程，对于额定运行状态下变压器内部温度的计算还较为精确，但对于实际运行中变压器的计算温度值则误差较大。有必要对热路模型进一步细化改进，计及实际变压器运行工况及环温、日照、风速等环境条件对其温度的影响，使热路模型更接近变压器真实发热、散热情况，并基于模型计算的温度值，对变压器运行能力进行分析及评估。

2.4.3 变压器绕组温度带电检测研究展望

目前可以较为准确地计算出实际运行中变压器的热点及顶油温度，但其中散热热阻值大部分根据实验关联式及经验公式求得，并不能完全反映变压器的实际散热情况，因此计算得到的温度值与实际相比仍有一定的误差。事实上，可以基于实际温度数据利用优化算法计算得到实际的变压器散热热阻值，虽然需要大量的实测数据进行学习和识别，但却可有效消除此误差。热路模型中对于日照、风速等环境因素的分析都比较简单，而实际情况下太阳入射角度、风向的变化以及雨雪、雾霾等天气均会对变压器内部温度造成影响，热路模型还无法计及这些影响因素；利用热路模型计算变压器热点温度时均采用热点系数推荐值，但其正确性还需进一步验证；另外，本热路模型仅针对无故障下运行的变压器内部温度的计算，对于少数存在结构缺陷导致涡流损耗巨大的变压器，还难以计算其实际温度。这些都是以后研究需要改进和完善的地方。

3　套管及互感器带电检测与故障诊断技术

电介质在电压作用下，由于电导和极化将发生能量损耗，统称为介质损耗。对于良好的绝缘而言，介质损耗是非常微小的，然而当绝缘出现缺陷时，介质损耗会明显增大，通常会使绝缘介质温度升高，绝缘性能劣化，甚至导致绝缘击穿，失去绝缘作用。

在交流电压作用下，电容型设备绝缘的等值电路如图 3-1 所示。流过介质的电流 I 由电容电流分量 I_c 和电阻电流分量 I_r 两部分组成，电阻电流分量 I_r 就是因介质损耗而产生的，电阻电流分量 I_r 使流过介质的电流偏离电容性电流的角度 δ 称为介质损耗角，其正切值 $\tan\delta$ 反映了绝缘介质损耗的大小，并且 $\tan\delta$ 仅取决于绝缘特性而与材料尺寸无关，可以较好地反映电气设备的绝缘状况。此外通过介质电容量 C 特征参数也能反映设备的绝缘状况，通过测量这两个特征量以掌握设备的绝缘状况。

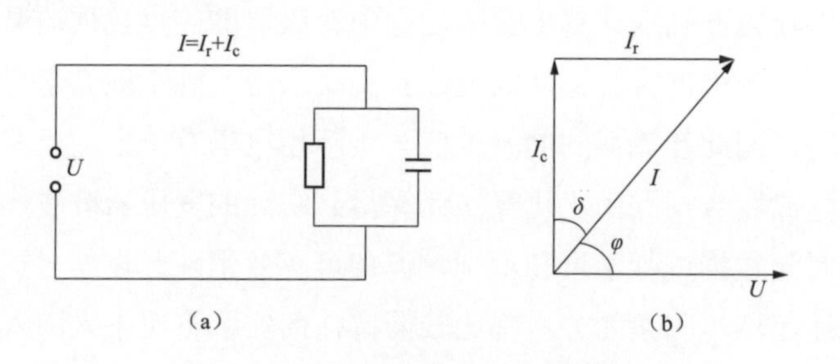

图 3-1　电容型设备绝缘等值电路

（a）等值电路图；（b）向量示意图

电容型设备通常是指采用电容屏或电容单元绝缘结构的设备，如电容型电流互感器、电容式电压互感器、耦合电容器、电容型套管等，其数量约占变电站电气设备的 40%～50%。这些设备均是通过电容分布强制均压的，其绝缘利用系数较高。电容型设备由于结构上的相似性，实际运行时可能发生的故障类型也有很多共同点，其中有：

（1）绝缘缺陷（严重时可能爆炸），包括设计不周全，局部放电过早发生；

（2）绝缘受潮，包括顶部或法兰面等密封不严或开裂，受潮后绝缘性能下降；

（3）外绝缘放电，爬距不够或者脏污情况下，可能出现沿面放电；

（4）金属异物放电，制造或者维修时残留的导电遗物所引起。

对于上述的几种缺陷类型，绝缘受潮缺陷约占电容型设备缺陷的 85%，一旦绝缘受潮往往会引起绝缘介质损耗增加，导致击穿。对于电容型绝缘的设备，通过对其介电特性的监测，可以发现尚处于早期阶段的绝缘缺陷，$\tan\delta$ 是设备绝缘的局部缺陷中，由介质损耗引起的有功电流分量和设备总电容电流之比，其对发现设备绝缘的整体劣化较为灵敏，如包括设备大部分体积的绝缘受潮，而对局部缺陷则不易发现。测量绝缘的电容 C，除了能给出有关可能引起极化过程改变的介质结构的信息（如均匀受潮或者严重缺油）外，还能发现严重的局部缺陷（如绝缘击穿），但灵敏程度也同绝缘损坏部分与完好部分体积之比有关。

电容型设备介质损耗因数和电容量比值带电检测按照参考相位获取方式不同可以分为相对测量法和绝对测量法两种。

3.1 同相比较法介损带电检测技术

相对测量法是指选择一台与被试设备 C_x 并联的其他电容型设备作为参考设备 C_N，通过串接在其设备末屏接地线上的信号取样单元，分别测量参考电流信号 I_N 和被测电流信号 I_x，两路电流信号经滤波、放大、采样等数字处理，利用谐波分析法分别提取其基波分量，计算出其相位差和幅度比，从而获得被试设备和参考设备的相对介损差值和电容量比值。考虑到两台设备不可能同时发生相同的绝缘缺陷，因此通过它们的变化趋势，可判断设备的劣化情况，其原理如图 3-2（a）所示。

图 3-2（b）是利用另一只电容型设备末屏接地电流作为参考信号的相对值测量法的向量示意图，此时仅需准确获得参考电流 I_N 和被测电流 I_x 的基波信号幅值及其相位夹角 α，即可求得相对介损差值$\Delta\tan\delta$ 和电容量 C_x/C_N 的值，如式（3-1）和式（3-2）所示。

$$\Delta\tan\delta = \tan\delta_2 - \tan\delta_1 \approx \tan(\delta_1 - \delta_2) = \tan\alpha \tag{3-1}$$

$$C_x/C_N = I_x/I_N \tag{3-2}$$

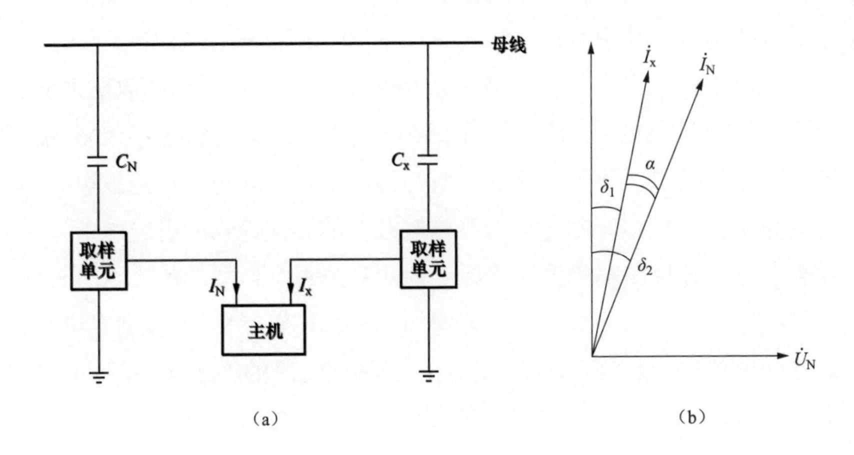

图 3-2　相对测量法原理示意图

（a）测试原理图；（b）向量示意图

相对介质损耗因数是指在同相相同电压作用下，两个电容型设备电流基波矢量角度差的正切值（即$\Delta\tan\delta$）。相对电容量比值是指在同相相同电压作用下，两个电容型设备电流基波的幅值比（即 C_x/C_N）。

绝对测量法的主要优点是能够直接带电测量电容型设备的介质损耗因数和电容量的绝对值，与传统停电测量的原理和判断标准都较为类似，但由于需要从电压互感器的二次获取电压参考信号，该方法存在以下缺点。

（1）测量误差较大，主要由于以下几个方面造成：

1）TV（电压互感器）固有角差的影响。根据国家标准对电压互感器的角误差的容许值的规定，对于目前绝大多数 0.5 级电压互感器来说，使用其二次侧电压作为介损测量的基准信号，本身就可能造成±20′的测量角差，即相当于±0.006 的介损测量绝对误差，而正常电容型设备的介质损耗通常较小，仅在 0.002～0.006，显然这会严重影响检测结果的真实性。

2）TV 二次负荷的影响。电压互感器的测量精度与其二次侧负荷的大小有关，如果 TV 二次负荷不变，则角误差基本固定不变。由于介损测量时基准信号的获取只能与继电保护和仪表共用一个线圈，且该线圈的二次负荷主要由继电保护决定，故随着变电站运行方式的不同，所投入使用的继电保护会做出相

应变化，故 TV 的二次负荷通常是不固定的，这必然会导致其角误差改变，从而影响介损测试结果的稳定性。

（2）需要频繁操作 TV 二次端子，增加了误碰保护端子引起故障的概率。相对值测量法能够克服绝对值测量法易受环境因素影响、误差大的缺点，因为外部环境（如温度等）、运行情况（如负载容量等）变化所导致的测量结果波动，会同时作用在参考设备和被试设备上，它们之间的相对测量值通常会保持稳定，故更容易反映出设备绝缘的真实状况；同时，由于该方式不需采用 TV（CVT）二次侧电压作为基准信号，故不受到 TV 角差变化的影响，且操作安全，避免了由于误碰 TV 二次端子引起的故障。

因此，目前针对电容型设备所采用的介损及电容量检测方法主要为相对测量法。

3.2　绝对值法介损带电检测技术

绝对测量法是指通过串接在被试设备 C_x 末屏接地线上，以及安装在该母线 TV 二次端子上的信号取样单元，分别获取被试设备 C_x 的末屏接地电流信号 I_x 和 TV 二次电压信号，电压信号经过高精度电阻转化为电流信号 I_N，两路电流信号经过滤波、放大、采样等数字处理，利用谐波分析法分别提取其基波分量，并计算出其相位差和幅度比，从而获得被试设备的绝对介质损耗因数和电容量，其原理如图 3-3（a）所示。

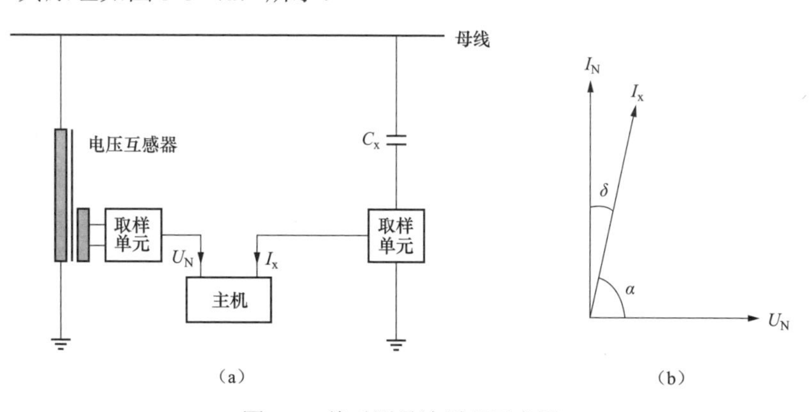

图 3-3　绝对测量法原理示意图

（a）测试原理图；（b）向量示意图

图 3-3（b）是利用 TV（CVT）的二次侧电压（即假定其与设备运行电压 U_N 的相位完全相同）作为参考信号的绝对值测量法向量示意图，此时仅需准确获得设备运行电压 U_N 和末屏接地电流 I_x 的基波信号幅值及其相位夹角 α，即可求得介质损耗 $\tan\delta$ 和电容量 C，如式（3-3）和式（3-4）所示。

$$\tan\delta=\tan(90°-\varphi) \tag{3-3}$$

$$C_x=I\cos\delta/\omega U \tag{3-4}$$

绝对值测量法尽管能够得到被测电容型设备的介质损耗和电容量，但现场应用易受 TV（CVT）自身角差误差、外部电磁场干扰及环境温湿度变化的影响。

3.3 高频、超高频局部放电带电检测技术

3.3.1 超高频法（UHF）

当互感器内部发生局部放电时，会随之产生特高频电磁波信号并向外辐射，通过超高频（UHF）传感器可检测该电磁波，从而检测到互感器内部的局部放电现象。超高频电磁波信号可以穿透绝缘介质进行传播，但会受到金属介质的屏蔽，当互感器内部有局部放电产生时，超高频信号可通过瓷套向外部空间辐射，同时也会通过互感器的引线孔传播至二次接线盒内，因此对于互感器内部局部放电的超高频信号检测，有外置 UHF 传感器方式和内置 UHF 传感器方式。互感器局部放电超高频信号检测示意图如图 3-4 所示。

采用外置式 UHF 传感器方式进行检测时，传感器所接收到的信号除了互感器内部所传出的局部放电信号外，还会接收到外部环境的干扰信号（架空线上的放电信号、外部空间的无线通信信号及其他设备的局部放电信号等），其检测灵敏度除了传感器及局部放电仪本身的性能外，还取决于外部空间背景信号的大小。

对于内置式 UHF 传感器方式，由于二次接线盒为金属材料，外部干扰信号很难进入其中，即使通过瓷套部位传播进入也会衰减得所剩无几，因此传感器所接收到的信号大部分来自互感器内部，其检测灵敏度大大高于外置式 UHF

传感器方式，但其缺点在于必须在互感器停电时将传感器内置于互感器的二次接线盒内部。

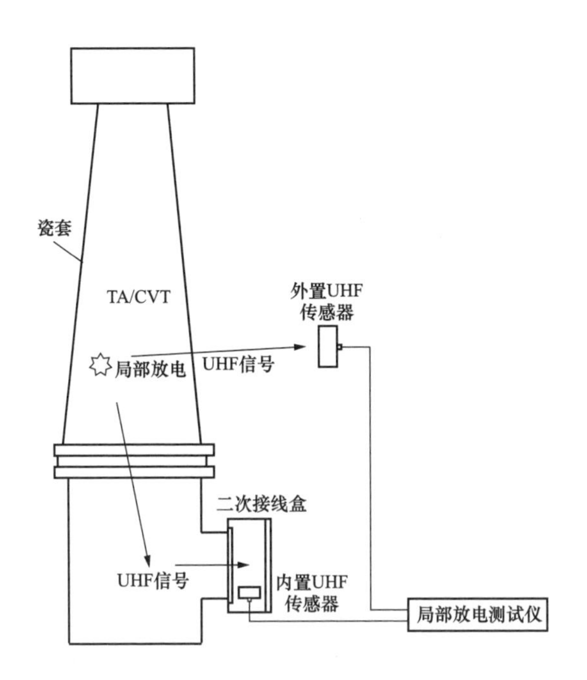

图 3-4　互感器局部放电超高频信号检测

超高频法的特点使其在局部放电检测领域具有其他方法无法比拟的优点，因而近年来得到了迅速发展和广泛应用。超高频法具有以下优点：①抗干扰性好：现场普遍存在的电晕放电的频率范围通常在 300MHz 以下，并且在空气中传播时衰减很快，超高频传感器接收 UHF 频段信号，避开了电网中主要电磁干扰的频率，具有良好的抗电磁干扰能力；②灵敏度高：封闭的金属结构非常适合超高频电磁信号传播，能够实现良好的检测灵敏度。

3.3.2　高频电流法（HFCT）

高频电流法（HFCT）是较为通常的局部放电检测方法，当互感器内发生局部放电时，会有部分电流通过末屏接地线流入大地。因此，通过在末屏接地线上安装高频电流传感器，以感应接地线上的局部放电电流，从而检测到互感器内部的局部放电现象。

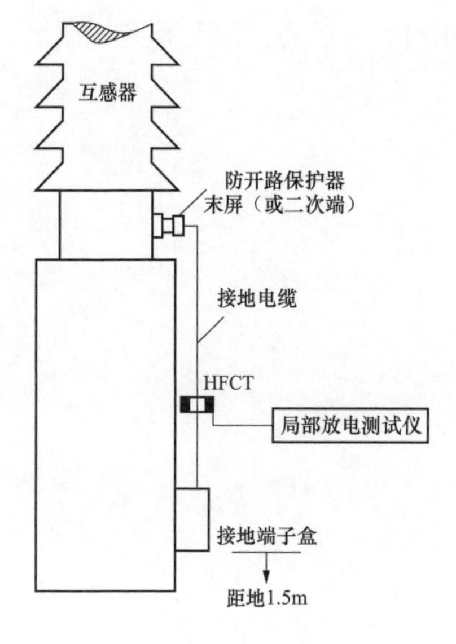

图 3-5　高频法检测互感器局部放电

但由于互感器的末屏（或低压端）大都在其本体上的二次端子盒内或设备内部直接接地，难以直接获取其接地高频电流，因此需要预先对其末屏（或低压端）接地进行改造，将其引至容易操作的位置，并通过取样传感器获取信号，如图 3-5 所示。

由于互感器的电容屏相当于一根感应天线，HFCT 的检测结果肯定会包含有大量的广播干扰，故需要做一定的数据处理才能够分辨电缆中的局部放电脉冲。最好的检测方法是将 UHF 和 HFCT 结合使用，UHF 的频段较高，可避开广播干扰，但容易受空间随机脉冲干扰影响；HFCT 容易受广播干扰影响，但是受外界的随机干扰影响较小。

3.4　互感器智能化及其带电检测技术

3.4.1　智能化互感器的结构设计

进行智能化互感器结构设计的目的是设计出内置了介损及局部放电检测装置的智能化电流/电压互感器，检测装置与互感器采用一体化结构设计，可满足现场正常运行时的带电检测距离要求。

常规互感器的结构如图 3-6 所示，若要将介损及局部放电检测装置集成到互感器内部，唯一可能放置的位置便是二次接线盒内，但是由于变电站内的安全距离要求，二次接线盒离地的距离通常大于 2.5m，远超过工作人员的操作距离。

要解决这一问题，常用的互感器带电检测方式是将传感端与检测端分离，即将传感器安装在二次接线盒内部，并在互感器下方的水泥支柱上安装测试端子盒，通过信号电缆将信号引至端子盒内（如图 3-7 所示），但是该方式须待互感器安装完成后，才能进行带电检测装置的安装，这违背了实现一体化检测的

初衷，因此需对互感器结构进改进。

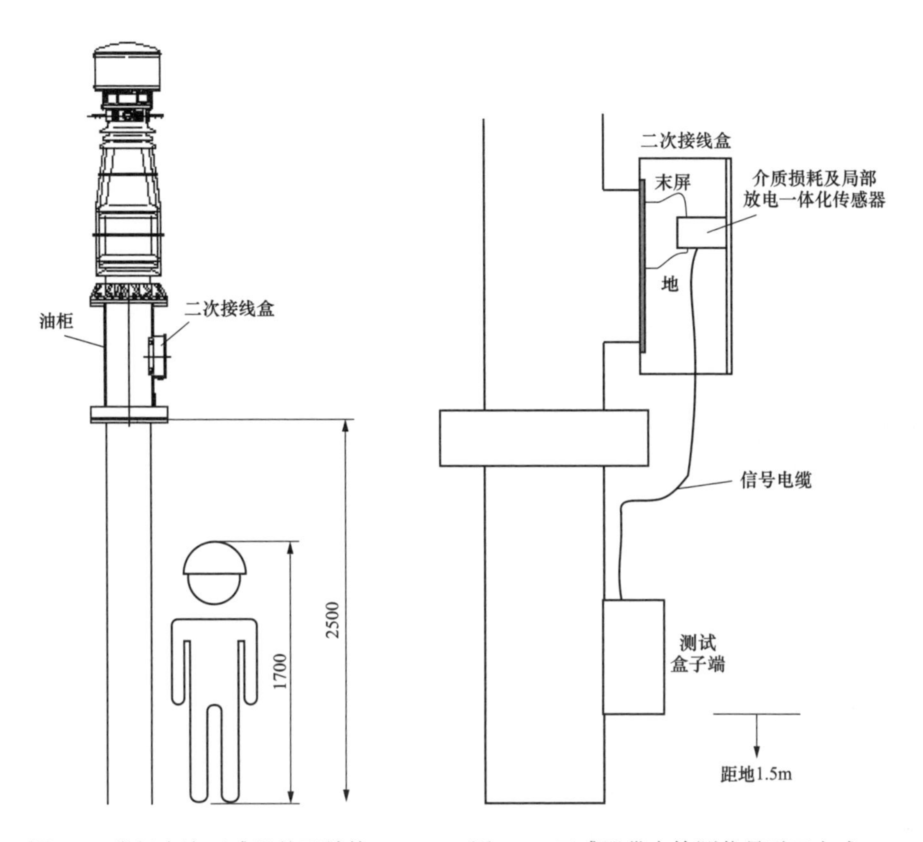

图 3-6 常规电流互感器外形结构　　　　图 3-7 互感器带电检测信号引下方式

3.4.2 智能化电流互感器的结构设计

综合考虑到智能化互感器的一体化结构设计、信号取样的可行性及信号测量的方便性，需对常规的电流互感器结构进行以下几个方面的改进：

（1）为满足互感器正常运行情况想的带电检测安全距离，在电流互感器的油柜下方增加一个 1m 高的箱体，箱体与柜体为一体结构，内部隔离，介质损耗及局部放电一体化检测装置内置于箱体底部。增加箱体后，通过变短水泥支柱的长度，电流互感器带电部分离地面的距离仍为 2.5m，但工作人员站在地面即可进行带电测试操作。

（2）为使得电流互感器内部的局部放电特高频信号能有效地传入箱体内，

箱体与油柜之间的隔离采用绝缘材料。

（3）为了在箱体内方便地获取到电流互感器的末屏接地电流信号，将电流互感器原有的末屏端（在二次接线盒内）改至箱体顶部，安装于隔离板上，并进行相应的油密封处理，如图 3-8 所示的末屏端子 A。

（4）由于新增箱体尺寸较大，整面开门会给测试人员带来不便，而且还会造成其他的安全隐患，因此只需在箱体底部开设一个小门，并将介质损耗及局部放电一体化检测装置安装于箱体的底部对应开门位置即可。

（5）由于通过小门很难将带电检测装置连接到信号接到末屏端子 A 上，因此还需在检测装置附近设置一个末屏端子 B 及一个接地端，末屏端子 B 与末屏端子 A 通过信号电缆进行连接，当进行一体化检测装置的带电安装及维护时，可采用短接线或短接片将末屏端子 B 与接地端进行短接。

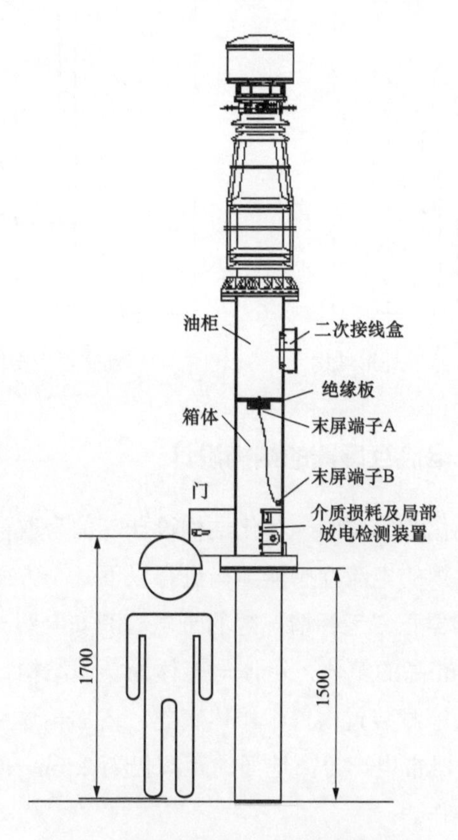

图 3-8　智能化电流互感器的结构设计

3.4.3　智能化电压互感器的结构设计

综合考虑到智能化互感器的一体化结构设计、信号取样的可行性及信号测量的方便性，需对常规的电压互感器结构进行以下几个方面的改进，如图 3-9 所示：

（1）为满足互感器正常运行情况想的带电检测安全距离，在电压互感器的油柜下方增加一个 1m 高的箱体，箱体与柜体为一体结构，内部隔离，介质损耗及局部放电一体化检测装置内置于箱体底部。增加箱体后，通过变短水泥支柱的长度，电流互感器带电部分离地面的距离仍为 2.5m，但工作人员站在地面即可进行带电测试操作。

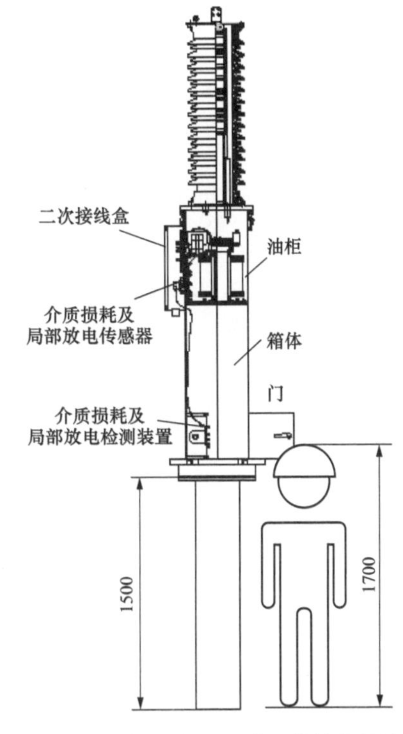

图 3-9　智能化电压互感器的结构设计

（2）由于电压互感器油柜底部须固定变压器，需要一定的强度，因此不能与智能化电流互感器一样采用绝缘材料固定，且由于油柜内有变压器等金属部件，互感器内部的局部放电信号很难穿过油柜传至箱体内，因此对于智能化电压互感器的介损和局部放电测试仪，须将传感部分和测试端分离，传感器安装于二次接线盒内部（局部放电信号可通过油柜与二次接线盒之间的绝缘板辐射至二次接线盒内），测试端安装于箱体底部。

（3）为了使二次接线盒内的传感器出线能方便地引至箱体内的检测端子上，需将二次接线盒的尺寸变大并延伸至箱体位置，在箱体与二次接线盒之间开设一个接线孔，便可将传感器的信号出线通过接线孔引入箱体内。

（4）由于新增箱体尺寸较大，整面开门会给测试人员带来不便，而且还会造成其他的安全隐患，因此只需在箱体底部开设一个小门，并将介质损耗及局部放电一体化检测装置安装于箱体的底部对应开门位置即可。

（5）由于传感器与检测端分离了，从二次接线盒需引 3 条电缆至箱体内，其中 1 条 UHF 信号电缆，1 条 HF 信号电缆及 1 条介损信号电缆。

3.4.4 介质损耗及局部放电一体化检测装置设计

3.4.4.1 介质损耗及局部放电一体化传感器的设计

介质损耗及局部放电一体化传感器须能满足对互感器的介损检测、特高频局部放电信号检测及高频局部放电信号检测的要求，且具备防止末屏开路的保护措施，传感器尺寸应能满足安装到互感器二次接线盒内的要求。

1. 介质损耗传感模块设计

目前市场上的相对介质损耗测试仪主要有两种结构：一种是仪器内置了介质损耗传感器，对于该类仪器，测试时只需提供一个末屏信号的检测接口即可；另一种是仪器内部没有介质损耗传感器，该类仪器测试时须用到互感器内置的介质损耗传感器。

本项目所设计的介质损耗传感模块兼顾了以上两种仪器的测试要求，同时具备内置介质损耗传感器及末屏信号接口，介质损耗传感模块的原理图如图3-10所示。

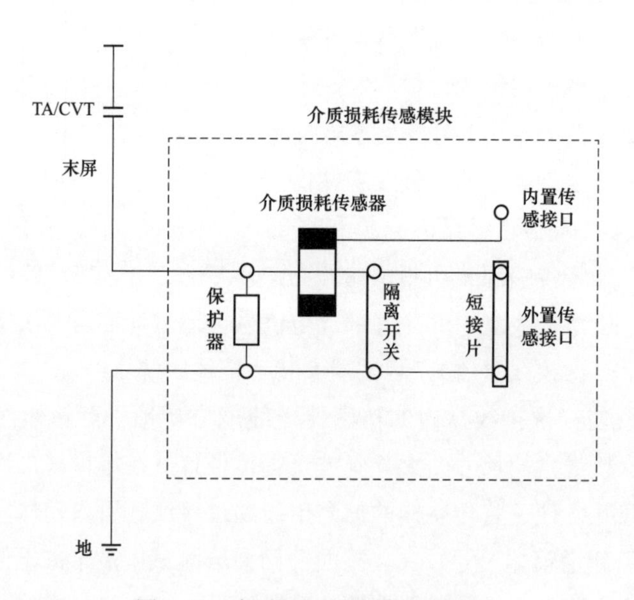

图3-10 介质损耗传感模块原理图

保护器采用大功率保护器件，一旦在测量过程中回路开路，保护器会立即导通，限制末屏电压小于5V，导通后可持续通过5A工频电流，保证人身及设备的安全。

短连接片和隔离开关并接后串接在接地引下线回路中，平常运行时短连接片和刀闸均闭合，构成双重保护防止开路。

穿心式介质损耗传感器的精度是介质损耗检测精度的瓶颈，介质损耗传感器的误差很大程度上来自励磁电流，在励磁电流为 0 的“零磁通”状态下无角差、比差，然而它是理想化的，如无励磁电流，则铁芯中无磁通，一、二次能量无法传递，介质损耗传感器不能工作。但正确选择补偿方法可将铁芯中磁通降到极低的近似“零磁通”的状态，使介损传感器达到非常高的精度。

穿芯式介损传感器的原理电路如图 3-10 所示，图 3-11 是其二次等效电路图。I_1 为小电流互感器一次侧电流，I_2 为二次侧电流，I_0 为激磁电流。N_1、N_2 分别为一、二次绕组匝数。因此，该小电流互感器的磁势平衡方程为

$$I_1N_1+I_2N_2=-I_0N_1 \tag{3-5}$$

当励磁安匝 I_0N_1 为零时，$I_1N_1=-I_2N_2$ 即付边安匝变化能完全反映原边安匝变化，误差为零。一般称 I_0N_1 为绝对误差，I_0N_1 / I_1N_1 为相对误差。电流互感器的误差为复数误差，可用比值差 f 和角差 δ 表示

$$\varepsilon=-I_0N_1/I_1N_1=f+\mathrm{j}\delta \tag{3-6}$$

其中，$f=(I_2N_2/I_1N_1)/I_1\times100\%$；$\delta$ 为 I_2 逆时针 180°后与 I_1 的夹角，如图 3-13 所示。

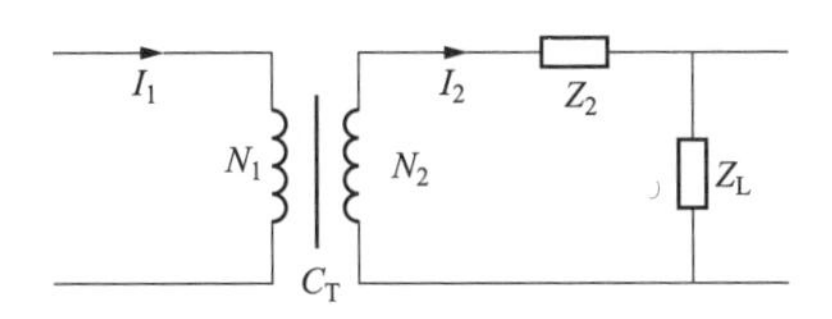

图 3-11　电流互感器原理电路图

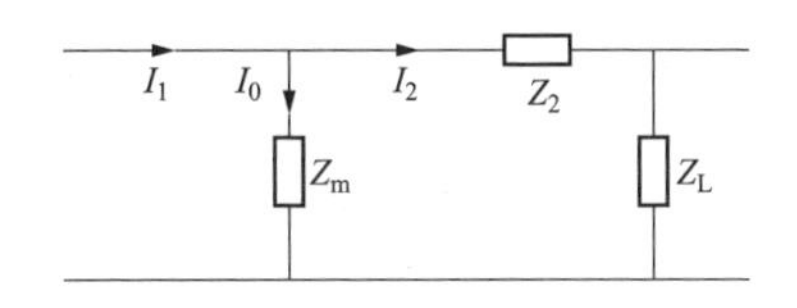

图 3-12　二次等效电路图

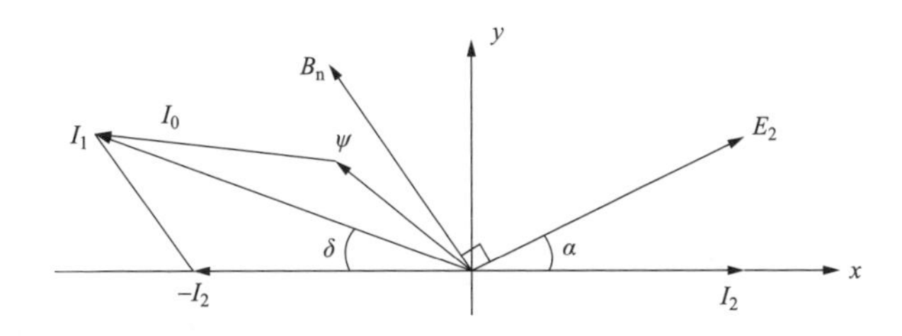

图 3-13　电流互感器相量图

由此可见，由于I_0N_1的存在，使I_0N_1与I_1N_1存在角差δ和比值差f。若I_0=0，则励磁磁势为0，误差为零。此时的铁芯处于“零磁通”状态，它工作于磁化曲线的起始段（线性段）。这时，电流互感器输出波形就不会畸变，保持良好的线性度。此即为“零磁通原理”。因此，感器铁芯始终处于零磁通状态，就能从根本上消除电流互感器的误差。但是，由互感器的工作原理可知，靠互感器自身是不可能实现零磁通的，必须靠外界条件的补偿或调整。为此，采用动态平衡电子电路对其进行动态调整，使铁芯始终处于“动态零磁通状态”。

采用有源零磁通设计技术是提高小介质损耗传感器检测精度的唯一途径。系统设计了先进的自动补偿式介质损耗传感器，采用先进的自动补偿式介质损耗传感器，选用起始磁导率较高、损耗较小的坡莫合金作铁芯，同时采用深度负反馈补偿技术，能够对铁芯的励磁磁势进行全自动补偿，保持铁芯工作在接近理想的零磁通状态。

反馈补偿电路由检测、放大和补偿三个模块组成，具体原理如图3-14所示。

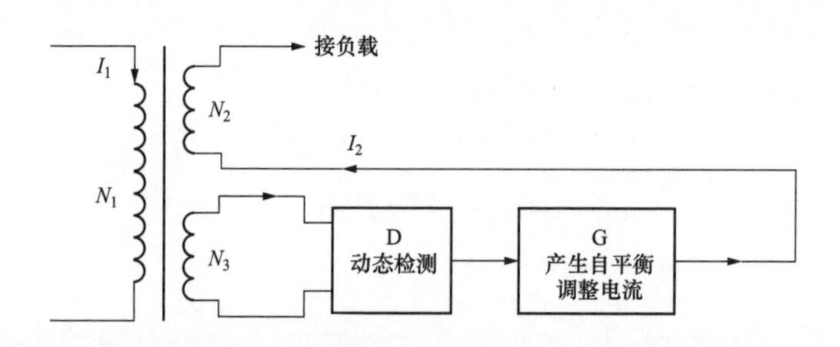

图3-14 零磁通介损传感器的工作原理

检测模块的作用是为了检测出电流互感器二次侧与一次侧电流的误差量，这个误差量就是在铁芯中产生磁通的励磁电流，绕在铁芯上的检测绕组上的感应电势与这个励磁电流成正比。由检测模块得到的误差量，即检测绕组上的感应电势是很小的，它本身没有带载能力，需要另外补充能量将其放大才能带动一定的负载，这就是有源放大电路的作用。根据磁势补偿的原理，放大电路输出的电势在补偿回路中产生补偿电流，并通过补偿绕组在铁芯中产生补偿磁势，从而保证一次和二次电流产生的磁势始终平衡。

经测试，基于这种原理所设计的穿芯介损传感器，在检测100μA～1000mA的工频电流信号时，相位变换综合误差均不大于±0.005°（相当于tgδ误差为

0.01%以内），并且基本不受环境温度及电磁干扰的影响，从根本上解决了对电流信号的精确取样问题。

内置介损传感器的技术指标见表 3-1 所示。

表 3-1　　内置介损传感器的技术指标

<table>
<tr><th colspan="2">技术指标</th><th>精度</th><th>测量条件</th></tr>
<tr><td rowspan="3">比差</td><td>绝对比差</td><td>±0.01%</td><td rowspan="6">波形：正弦信号
频率：50±10Hz
电流：50μA～1000mA
温度：−25℃～60℃</td></tr>
<tr><td>非线性度</td><td>±0.005%</td></tr>
<tr><td>温度特性</td><td>10PPM</td></tr>
<tr><td rowspan="3">角差</td><td>绝对角差</td><td>±0.005°</td></tr>
<tr><td>非线性度</td><td>±0.0005°</td></tr>
<tr><td>温度特性</td><td>±0.0005°</td></tr>
<tr><td rowspan="3">其他</td><td>输入阻抗</td><td>0Ω</td><td>穿芯结构（ϕ25mm）</td></tr>
<tr><td>耐受电流</td><td colspan="2">工频电流：50A；冲击电流：20kA</td></tr>
<tr><td>隔离电压</td><td colspan="2">5kV/min</td></tr>
</table>

2．UHF 局部放电信号传感模块设计

将导体放置在磁场变化的空间，导体有可能产生谐振而将空间的自由波动转换成传输结构的导波，从而实现电磁波的接收。实际中常称导体为接收天线，天线是一种变换器，它把传输线上传播的导行波，变换成在无界媒体中传播的电磁波，或者进行相反的变换，通常在无线电设备中用来发射或者接收电磁波信号，其结构往往决定了接收电磁波信号的能力，经过合理的设计，天线可以接收到局部放电所产生的超高频信号。

UHF 法是目前局部放电检测的一种新方法，该方法通过天线传感器接收局部放电过程辐射的 UHF 电磁波，实现局部放电的检测。在 20 世纪 80 年代末，UHF 法测量局部放电首先应用在 GIS 设备中。在 UHF 法中传感器并非起耦合的作用，而是接收 UHF 信号的天线，所以 UHF 法的原理与脉冲电流法是不同的。天线除了能有效地辐射或接收无线电波外，还能完成高频电流或导波（能量）到同频率无线电波（能量）的转换，或者完成无线电波（能量）到同频率的高频电流或导波（能量）的转换。所以，天线还是一个能量转换器。一副好的天线，就是一个好的能量转换器。

该技术的特点在于：检测频段较高，可以有效地避开常规局部放电测量中的电晕、开关操作等多种电气干扰；检测频带宽，所以其检测灵敏度很高；而且可识别故障类型和进行定位。UHF 检测的特点使其在局部放电检测领域具有其他方法无法比拟的优点，因而在近年来得到了迅速的发展和广泛的应用。但它对传感器的采集精度和宽带要求很高，因此造价较高。

局部放电传感模块的设计主要是接收天线的设计，表征天线性能的参数主要有：方向图、方向性、增益、极化特性、天线效率、带宽以及输入阻抗等，对此本公司进行过深入全面的研究，最终采用了一种具有梳状响应特性、同时兼顾宽频带和高增益的 UHF 传感模块，其优点是外形尺寸小、全方向接收、相对增益较高（＞5dBi），驻波特性好（驻波比＜2.0），且方向图覆盖面积较大，可保证具有较高的接收效率。

该类 UHF 局部放电传感模块目前已广泛用于局部放电测试仪和局部放电在线监测系统中，具有较为丰富的应用经验，现已发现多起局部放电缺陷，其局部放电测试仪灵敏度不亚于国外知名品牌。

超高频传感模块主要参数如表 3-2 所示。

表 3-2　　超高频传感模块主要参数

频率范围	300～2000MHz 频宽
灵敏度	＜5PC
阻抗匹配	50Ω
输出接头	SMA 型

3．HFCT 局部放电传感模块设计

当互感器内部发生局部放电时，高频放电电流会沿着末屏地线向大地传播。高频电流传感器（HFCT）法通过在末屏接地线上安装穿芯式 HFCT 来检测高频电流信号，实现局部放电检测。HFCT 一般使用罗氏线圈（Rogowski）方式，在环状磁芯材料上围绕多圈的导电线圈，高频电流穿过磁芯中心而引起的高频交变电磁场会在线圈上产生感应电压。

一般情况下将 Rogowski 线圈制作成圆形或矩形，骨架可以选择空心或者是带有磁性的骨架，然后将螺线圈均匀的绕制在骨架上。Rogowski 线圈的结构如图 3-15 所示。

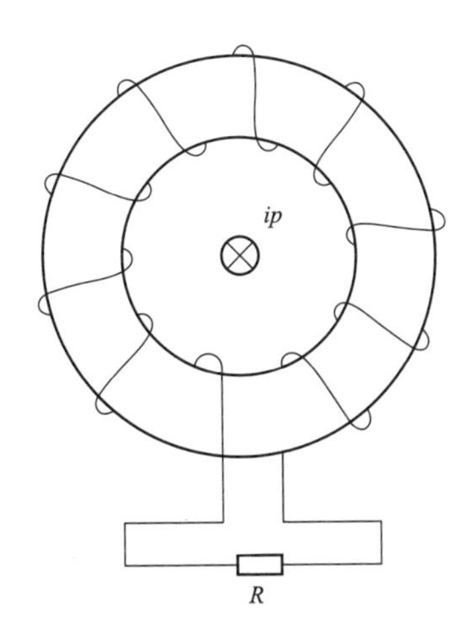

图 3-15 Rogowski 线圈的结构示意图

在设计 Rogowski 线圈型电流传感器时，能够决定其工作频带及灵敏度的有很多参数，归结起来起决定性作用的主要有三个：线圈的磁芯材料、所绕制的匝数及自积分电阻的大小。

根据互感器局部放电信号幅值小、放电脉冲频谱范围宽等特征，磁性材料宜选择铁氧体材料，而在铁氧体材料中，不同的材料也有其各自的工作频带。镍锌材料具有较低的初始磁导率和较高的截止频率，决定了其在高频环境测量时具有良好的响应和高灵敏度的特点；反之锰锌材料的磁导率较大，比较适宜于工作在较低的频带段内，以表现出良好的信号响应能力和较高的灵敏度。由于变电站内的检测环境中低频干扰信号较多，故选取工作频带较高的镍锌材料作为铁芯材料。

选择合适的匝数和自积分电阻同样决定了线圈的工作频带，并且也是线圈良好灵敏度的必要条件。在通常情况下，线圈的匝数为偶数层，考虑到匝间电容的影响，线圈绕线一般为一层。而且所选用的漆包线不能过细，以免绕制过程中发生断线。选择直径为 1mm 的漆包线，线圈的匝数不能太多，否则会降低线圈的灵敏度，应根据自积分式 Rogowski 线圈的特点并综合考虑线圈灵敏度和频率范围的因素进行选择。

在自积分电阻选择方面，为了保证线圈的灵敏度，电阻不能选得过小，否则电流传感器获取的信号极易淹没在噪声等其他干扰中，但是随着积分电阻增大，线圈工作频带的宽度将随之减小，并且当阻值达到一定量级时，将不符合自积分式 Rogowski 线圈所必须满足的条件。

通过以上设计，Rogowski 线圈的基本参数已经可以确定，但是如果直接使用，必定受到杂散电磁场等外界诸多干扰的影响。因此在线圈外面需要一个能够有效屏蔽外界杂散电磁场的屏蔽体。还需要注意的是，为了使被测电流的主磁场能够进入线圈，需要在屏蔽壳体内侧留一个 1mm 宽的缝。采用铝制的屏蔽壳体包覆线圈，分别将半环形线圈装在与之对应的半环形的金属屏蔽盒内。

4．一体化传感器的结构设计

一体化传感器的结构须能满足可在二次接线盒内安装的要求，通常互感器二次接线盒内部的可用高度为不超过 10cm，此外，为了使特高频局部放电传感模块能够全方位地接收到信号，传感器的外壳须采用绝缘材料，传感器内部各模块的布置也须考虑到信号遮挡等问题。

互感器介损及局部放电一体化检测传感器的内部结构如图 3-16 所示，将 UHF 模块、末屏防开路保护器及 HFCT 模块集成于一个 132mm×68mm×50mm 的绝缘壳内，为保证其防潮及绝缘性能，传感器内部采用灌封胶进行浇铸。

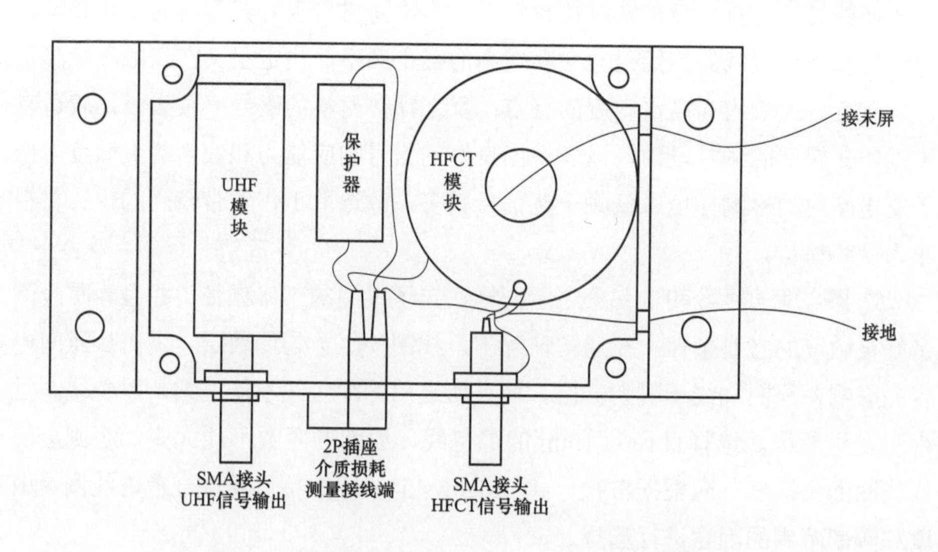

图 3-16　介质损耗及局部放电一体化传感器结构图

UHF局部放电传感信号及HFCT传感信号均采用了标准的SMA接头引出，它具有频带宽、性能优、高可靠、寿命长的特点；介质损耗测量信号通过2P插座引出，插座自带锁紧功能，可有效防止信号线松脱，传感器具备4个ϕ5mm的固定孔，固定尺寸为42mm×115mm。

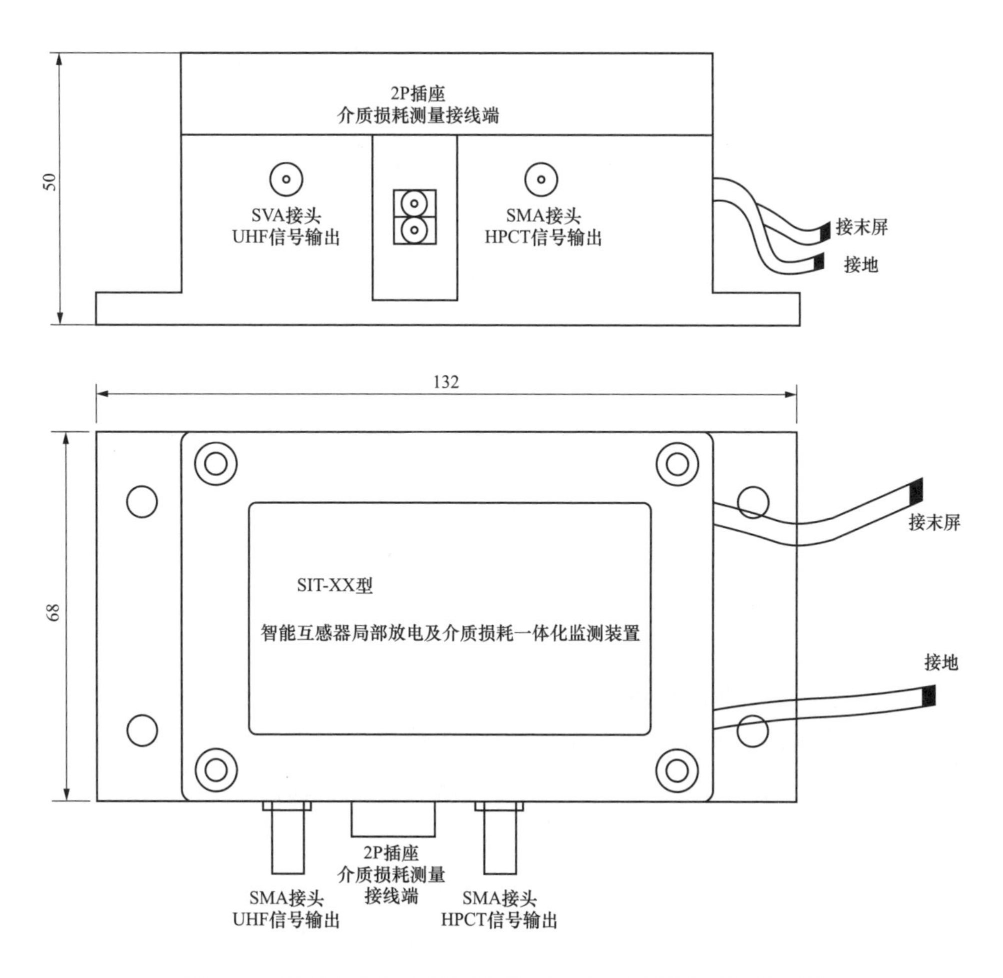

图3-17　互感器介质损耗及局部放电一体化检测传感器尺寸图

互感器介损及局部放电一体化检测传感器的安装须满足下列要求：

（1）固定位置应远离互感器的二次出线管，尽可能避免外部干扰信号的进入；

图 3-18　互感器介质损耗及局部放电一体化检测传感器样品

（2）传感器应采用支架支起，尽量居于二次接线盒的中心位置（空间中心），远离金属，勿贴近底面或盒壁，避免信号的遮挡，影响检测灵敏度。

（3）用于将传感器支起的架子最好采用绝缘材料，若使用金属，因采用 4 角独立支撑的方式，尽可能减少金属遮挡面积。

3.4.4.2　介质损耗及局部放电检测端子板的设计

介质损耗及局部放电检测端子板安装于智能互感器箱体的底部，其结构设计须满足互感器带电测试时的方便性，并具备带电维护的功能。

由于目前局部放电检测通常采用的局部放电传感器接口有 N 型接口和 BNC 接口，由于 N 型接口采用螺纹结构，需要旋转多圈才能可靠连接或拆下，现场测试时操作较为不便；而 BNC 接口采用卡扣配合结构，现场接拆线均比较方便，因此 UHF 局部放电信号及 HFCT 局部放电信号的检测接口均采用 BNC 接头。

介质损耗的检测接口分为外置介损传感器检测接口和内置传感器检测接口。外置传感器检测接口采用目前应用较为广泛的接线柱形式，即可通过端子帽压接，也可通过接线柱自带的香蕉头插孔连接，并在端子板上设计了隔离开关及短接连片双重防开路措施；内置传感器接口采用 4 芯防水航空插座，接拆线均比较方便。

智能化互感介损及局部放电一体化检测端子板的设计如图 3-19 所示。

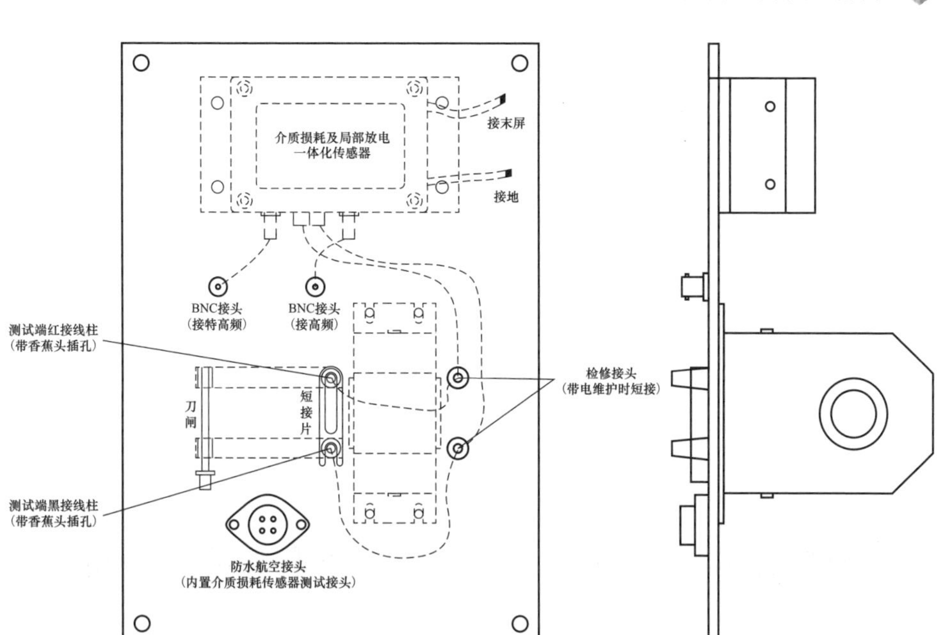

图 3-19 智能化电流互感介质损耗及局部放电一体化检测端子板（传感与检测一体）

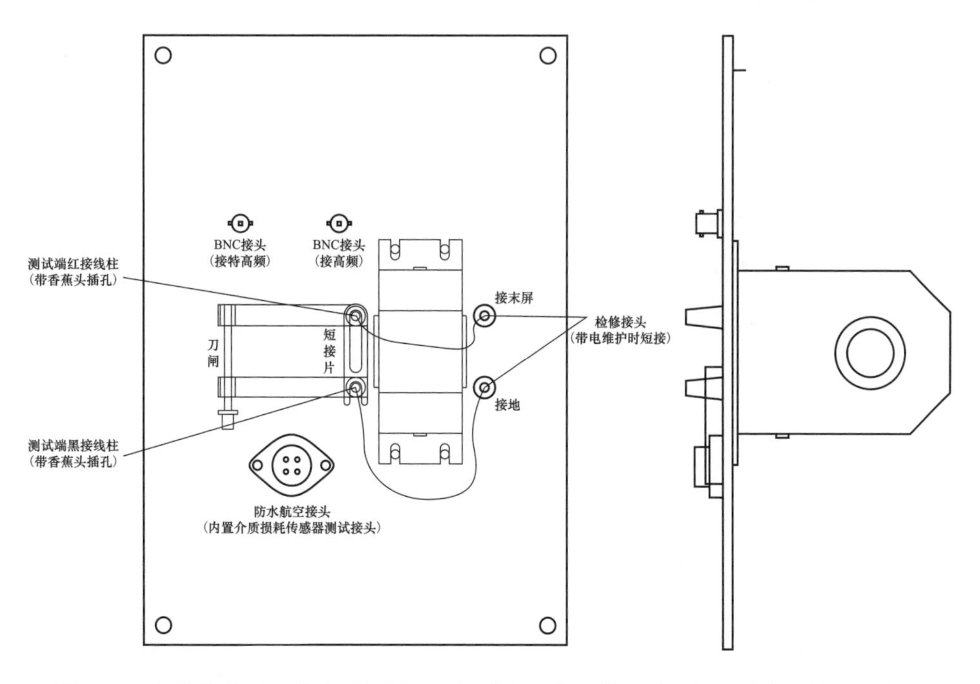

图 3-20 智能化电压互感介质损耗及局部放电一体化检测端子板（传感与检测分离）

3.5 互感器介质损耗及电容量带电检测应用

互感器介质损耗及电容量带电测试可以有效检测互感器的介质损耗及电容量，同时该方法不需要对设备进行停电，极大降低了设备的停运时间。由于该技术的采用，部分运维单位延长了该类设备的停电预防性试验周期。

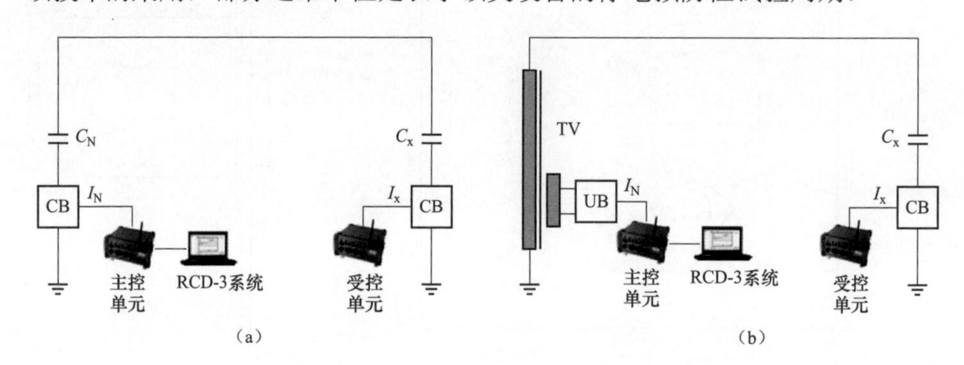

图 3-21 互感器介损电容量带电检测示意图

(a) C_N基准测量模式（相对比较）；(b) TV 基准测量模式（绝对测量）

以下为现场测试数据：

(1) 瑞宝站应用情况：2013 年 8 月 5 日在广州供电局 220kV 瑞宝站，对该站的 220kV 母线各线路 TA 进行了带电测试，将其测试结果与停电测试数据进行比较，测试数据如表 3-3 所示。

表 3-3 220kV 瑞宝站 110kV 母线容性设备（TA）带电测试数据

参考间隔	被测间隔	相别	相对介质损耗（%）			电容比值		
			带电测试数据	停电测试数据（换算）	误差绝对值	带电测试数据	停电测试数据（换算）	误差绝对值
220kV 3 号变压器高压侧电流互感器	220kV 瑞伍甲线电流互感器	A	−0.01	−0.005	0.005	1.02	0.98	0.04
		B	0.05	0.03	0.02	0.99	0.98	0.01
		C	−0.03	−0.06	0.03	0.98	0.96	0.02
220kV 4 号变压器高压侧电流互感器	220kV 瑞伍乙线电流互感器	A	−0.02	−0.05	0.03	0.96	0.97	0.01
		B	−0.01	0.02	0.03	0.97	0.93	0.04
		C	0.006	0.003	0.003	0.95	0.94	0.01

续表

参考间隔	被测间隔	相别	相对介质损耗（%）			电容比值		
			带电测试数据	停电测试数据（换算）	误差绝对值	带电测试数据	停电测试数据（换算）	误差绝对值
220kV 5号变压器高压侧电流互感器	220kV 旁路电流互感器	A	0.002	0.006	0.004	1.15	1.18	0.03
		B	0.009	0.005	0.004	1.08	1.12	0.04
		C	0.03	0.06	0.03	1.13	1.18	0.05

（2）开元站应用情况：2013 年 9 月 25 日在广州供电局 220kV 开元站，对该站的 110kV 线路 TA 进行了带电测试，将其测试结果与停电测试数据进行比较，测试数据如表 3-4、表 3-5 所示。

表 3-4　　220kV 开元站 110kV 容性设备（TA）带电测试数据

参考间隔	被测间隔	相别	相对介损（%）			电容比值		
			带电测试数据	停电测试数据（换算）	绝对	带电测试数据	停电测试数据（换算）	绝对
110kV 元港乙线 TA	110kV 1 号变压器中压侧 TA	A	−0.01	0.02	0.03	1.04	0.99	0.05
		B	−0.09	−0.05	0.04	0.98	1.02	0.04
		C	0.02	0.05	0.03	0.99	0.95	0.02
110kV 元港乙线 TA	110kV 3 号变压器中压侧 TA	A	0.10	0.07	0.03	1.08	1.05	0.03
		B	−0.01	−0.04	0.03	1.19	1.14	0.05
		C	0.05	0.01	0.04	1.05	1.01	0.04
110kV 元港乙线 TA	110kV 开南线 TA	A	0.10	0.07	0.03	0.95	0.99	0.04
		B	0.01	0.04	0.03	1.02	1.01	0.01
		C	0.02	0.04	0.02	0.87	0.89	0.02
110kV 元港乙线 TA	110kV 运开甲线 TA	A	0.11	0.07	0.04	1.11	1.02	0.09
		B	0.01	0.04	0.03	1.25	1.20	0.05
		C	0.09	0.06	0.03	1.14	1.10	0.04
110kV 元华线 TA	110kV 运开乙线 TA	A	−0.05	−0.02	0.03	1.03	0.99	0.04
		B	−0.06	−0.03	0.03	0.98	0.99	0.01
		C	−0.01	0.03	0.04	1.07	1.02	0.05
110kV 元华线 TA	110kV 开围乙线 TA	A	−0.07	0.03	0.10	0.99	0.95	0.04
		B	−0.12	0.09	0.21	0.95	0.99	0.04
		C	−0.07	−0.05	0.02	1.03	1.06	0.03

表 3-5　　220kV 开元站 110kV 容性设备（CVT）带电测试数据

参考间隔	被测间隔	相别	相对介质损耗（%）			电容比值		
			带电测试数据	停电测试数据（换算）	误差绝对值	带电测试数据	停电测试数据（换算）	误差绝对值
110kV 运开乙线 CVT	110kV 元港甲线 CVT	A	–0.95	–0.106	0.844	1.05	1.01	0.04
110kV 运开乙线 CVT	110kV 开围甲线 CVT	A	0.052	0.028	0.024	1.01	0.99	0.02
110kV 运开乙线 CVT	110kV 运开甲线 CVT	A	0.023	0.015	0.008	0.99	1.01	0.02

（3）嘉禾站应用情况：2013 年 10 月 22 日在广州供电局 220kV 嘉禾站，对该站的 220kV 线路 TA 进行了带电测试，将其测试结果与停电测试数据进行比较，测试数据如表 3-6 所示。

表 3-6　　220kV 嘉禾站 220kV 容性设备（TA）带电测试数据

序号	参考间隔	被测间隔	相别	相对介损（%）			电容比值		
				带电测试数据	停电测试数据（换算）	误差绝对值	带电测试数据	停电测试数据（换算）	误差绝对值
1	220kV 1 号变压器高压侧 TA	220kV 母联电流互感器	A	0.052	0.086	0.034	1.023	1.066	0.043
			B	0.002	–0.003	0.005	1.113	1.115	0.002
			C	0.010	0.002	0.008	1.046	1.074	0.028
2	220kV 1 号变压器高压侧 TA	220kV 北嘉乙线 TA	A	0.030	0.001	0.029	1.051	1.054	0.003
			B	0.025	–0.001	0.026	1.021	1.052	0.031
			C	0.033	–0.006	0.039	0.993	1.012	0.019

根据上述测试结果可知利用容性设备带电测试系统采用同向比较法测试获得的数据设备介损差值均小于±0.3%且与停电测试的数据很接近。就测试精度而言，容性设备带电测试系统可以满足容性设备带电测试的要求。

4　GIS 及开关带电检测与故障诊断技术

4.1　特高频局部放电带电检测与故障诊断技术

4.1.1　特高频局部放电带电检测技术原理及现状

局部放电是电气绝缘中局部区域的电击穿，伴随有正负电荷的中和，从而产生宽频带的电磁暂态和电磁波。不同类型局部放电的电击穿过程不尽相同，产生不同幅值和陡度的脉冲电流，因此产生不同频率成分的电磁暂态和电磁波。例如，空气中电晕放电所产生的脉冲电流具有比较低的陡度，能够产生比较低频率的电磁暂态，主要分布在 200MHz 以下；相比之下，固体绝缘和 SF_6 气体中发生的局部放电所产生的脉冲电流则具有比较高的陡度，所产生的电磁暂态的频率能够达到 1GHz 以上。所谓局部放电特高频（Ultra high frequency，UHF）测量，即在 UHF（0.3G～3GHz）频段接收局部放电所产生的电磁脉冲信号，实现局部放电检测。

在局部放电特高频测量过程中，变电站的所有金属物体将会对特高频传感器产生二次感应。当 UHF 传感器靠近这些金属物体时，通过二次感应，可以接收到增强了的局部放电信号或电磁干扰信号。二次感应能够显著增大局部放电检测的灵敏度，同时也能够增大电磁干扰信号的影响。

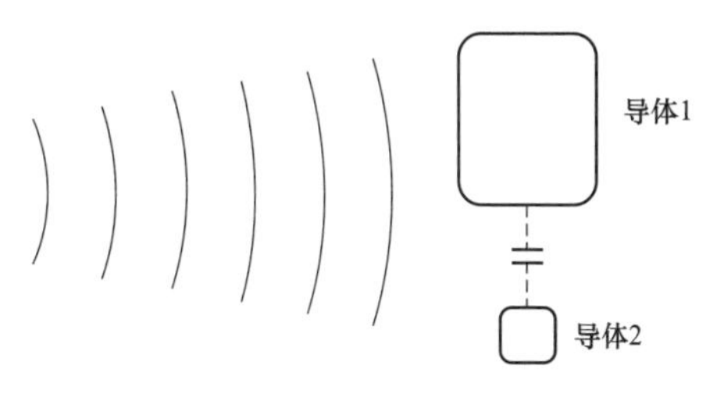

图 4-1　电磁波接收二次感应原理图

研究表明，1GHz 的电磁波在直径为 0.5m 的 GIS 内传播所产生的衰减只有 3～5dB/km。因此在用波导理论进行局部放电测量时可以不考虑这种衰减。GIS 的盆式绝缘子、拐弯结构和 T 型接头、隔离开关及断路器等波阻抗不连续点是特高频信号衰减的主要原因，绝缘子处的能量衰减约为3dB，T型接头处的能量衰减则可达到10dB。

根据GIS中电磁波的传播特点，利用特高频检测的主要优点如下：

（1）抗干扰能力强。由于一般空气电晕干扰的频率较低（<100MHz），远低于f_c，因此这种干扰已不在UHF的测量范围内。

（2）可以对局部放电源进行定位。合理布置UHF传感器，可通过电磁波到达不同传感器的时差来对局部放电源进行定位，且具有相当高的定位精度。

（3）根据所测放电电磁波信号频谱和统计特征，可以区分不同的缺陷类型。

（4）可以进行长期在线监测。在GIS出厂时就将传感器安装好，由此可对GIS进行长期局部放电监测。

（5）灵敏度可以满足工程要求。在实验室中灵敏度可达1pC。

采用特高频法检测GIS中局部放电产生的UHF信号是20世纪80年代初期由英国中央电力局（Central Electricity Generating Board，CEGB）开发出来的。与其他局部放电检测方法相比，特高频检测具有灵敏度高、抗干扰能力强、可识别故障类型及进行准确定位等优点，成为近20年来的研究热点之一。

英国Strathclyde大学的Hmapton和Pearson于20世纪80年代初就开始420kV GIS局部放电特高频监测系统的研究，将特高频传感器内置于GIS内部，整套系统具有较高的灵敏度，有利于外部干扰的抑制。他们曾在苏格兰南部的Tomess变电站内安装7个具有三相传感器的特高频监测系统，传感器所用带宽为300～1500MHz。利用频谱分析仪的pointon-wave模式，在一个工频周期内对自由微粒、固定尖刺、绝缘子表面的污秽和悬浮电极进行缺陷的类型识别。他们认为GIS内部的自由微粒是破坏绝缘性能的主要因素，该系统能够实现在10m的范围内捕捉到1mm的自由微粒。通过现场试验，认为安装25～30组三相传感器就可监测整个变电站的局部放电情况。DMS公司在该技术的基础上开发了GIS在线监测系统，已在国际上推广使用。

日本东芝电气公司曾应用特高频法对2个300kV变电站的局部放电进行过测量，研究表明，变电站内部的电磁干扰可从套管处传入，影响内置传感器的接收效果，但是干扰的频带范围多在500MHz以下，且衰减很快。同时，他们发现GIS同轴结构内部有许多不连续处，局部放电信号经过时，将衰减到原来信号强度的1/3～1/10，并且不同相之间接收到的局部放电信号幅值差别很大，

因此通过对比传感器特高频信号的幅值可进行局部放电源的定位工作。

国内西安交通大学的邱毓昌、王建生、张超鸣等对放电脉冲产生的电磁波在 GIS 同轴腔体的传播特性进行了理论分析和测量，他们认为电磁波成分中的 TEM 波为非色散波，在 GIS 内部传播时，一旦频率高于 1000MHz 之后，沿传播方向衰减很快；TE 波、TM 波具有各自的截止频率，只有当其频率成分高于截止频率时，才能在 GIS 腔体内传播，并且信号能量衰减很小。因此，他们认为在 GIS 内部的电磁波中 TE 波和 TM 波占主要成分，并且通过试验发现 SF_6 内部放电的频率成分多在 1GHz 内，据此对内置天线进行了优化设计，在实验室内可以测量到 1pC 的放电量。

清华大学的刘卫东、高文胜等利用外置传感器和自主开发的便携式 UHF 局部放电综合检测仪在多家 GIS 制造厂和 40 多个变电站进行实地测量，曾检测到 8 起放电缺陷，并针对存在于 GIS 内部的金属颗粒进行研究，结果表明视在放电量的大小与颗粒大小有关，颗粒越大，放电量也随之增大。并且尝试利用视在放电量结合特高频信号联合标定 GIS 模型的局部放电，认为不同放电类型有其不同的放电线性关系曲线，可粗略地进行 GIS 视在放电量的标定工作。

4.1.2 特高频局部放电检测方法

GIS 特高频局部放电检测方法主要有两种形式：①利用局部放电在线监测系统（见图 4-2）对 GIS 进行实时或定时的监测；②利用便携式局部放电检测仪（见图 4-3）进行带电检测。检测装置一般由耦合器、放大滤波单元、信号

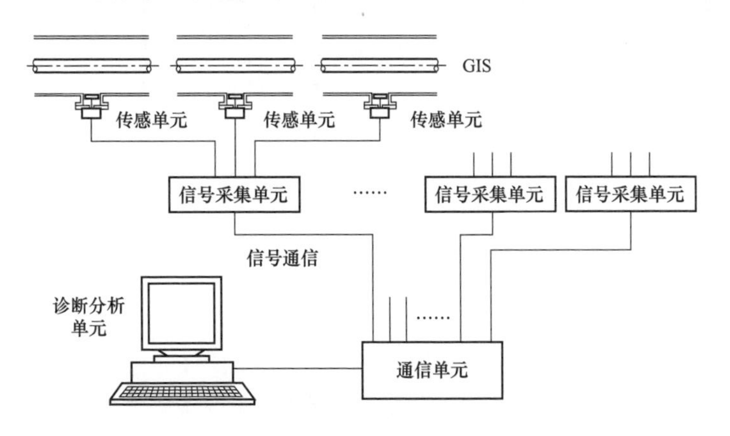

图 4-2 GIS 特高频局部放电在线监测系统

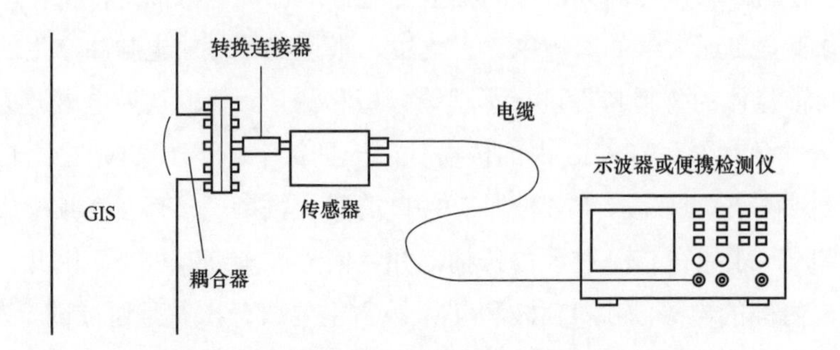

图 4-3　GIS 特高频局部放电带电检测仪示意图

采集单元、通信单元和诊断分析单元等五部分构成。在不同检测装置中，以上各功能单元可能有不同的组合方式。

4.1.2.1　传感器

根据 GIS 的实际情况，局部放电检测可以采用内置式或外置式特高频耦合传感器。新建 GIS 建议配置内置传感器，已投运 GIS 则宜采用外置传感器。

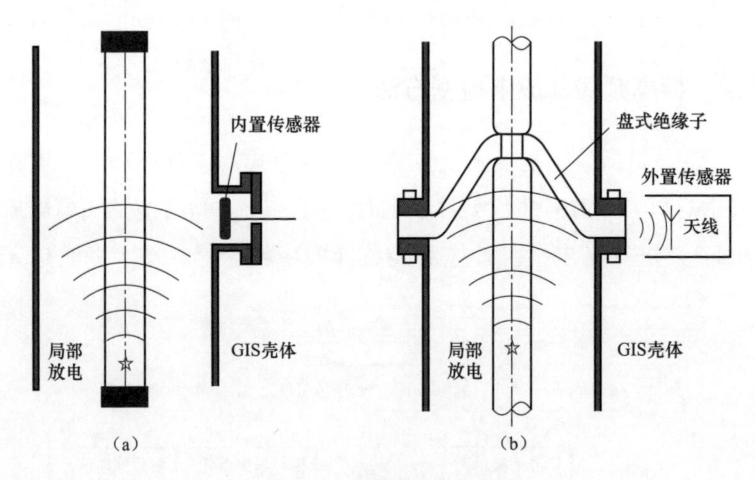

图 4-4　传感器安装形式

（a）内置；（b）外置

4.1.2.2　传感器布置方式

内置传感器宜由 GIS 生产厂在制造时置入，在设备制造前应与 GIS 进行一体化设计，在出厂时应同 GIS 一起完成出厂试验。外置传感器应置于未包裹金属屏蔽的 GIS 盆式绝缘子外侧或 GIS 壳体上存在的介质窗处，当 GIS 盆式绝缘子外包金属屏蔽时，需要对金属屏蔽开窗。传感器安装不应影响设备美观。

传感器布置应保证 GIS 内部发生在任何位置的局部放电都能够被有效传感，在此前提下，传感器应尽量安装在 GIS 关键设备附近，包括断路器、隔离开关、电压互感器等。对于长直母线段测点间隔宜为 5～10m。

4.1.3 带电检测

带电检测是利用可移动传感器（包括外置传感器和内置传感探头外接传感器两种情况）对存在异常或需要关注的设备进行巡检，检测结果可利用便携测量仪或高速示波器进行分析和存储。

在 GIS 运行达到规定的检测周期或在线监测系统发现异常时，需要利用便携式特高频局部放电带电检测仪对监测结果进行确认和定位。带电检测仪应具备检波测量和宽带测量两种检测方式，在带电检测过程中，首先利用检波信号对 GIS 所有测点依次进行巡检，当发现异常信号时，则利用宽带测量对信号进行波形识别和时差定位。

4.1.4 GIS 局部放电的典型图谱

GIS 局部放电波形及图谱如表 4-1 所示。

表 4-1　　GIS 局部放电波形及图谱

类型	放电模式	典型放电波形	典型放电谱图
自由金属颗粒放电	金属颗粒和金属颗粒间的局部放电，金属颗粒和金属部件间的局部放电	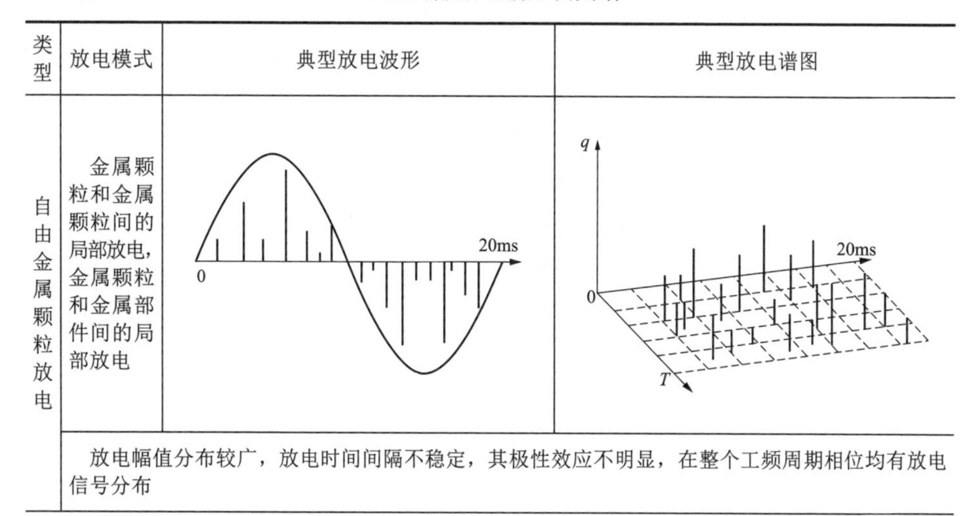	
	放电幅值分布较广，放电时间间隔不稳定，其极性效应不明显，在整个工频周期相位均有放电信号分布		

续表

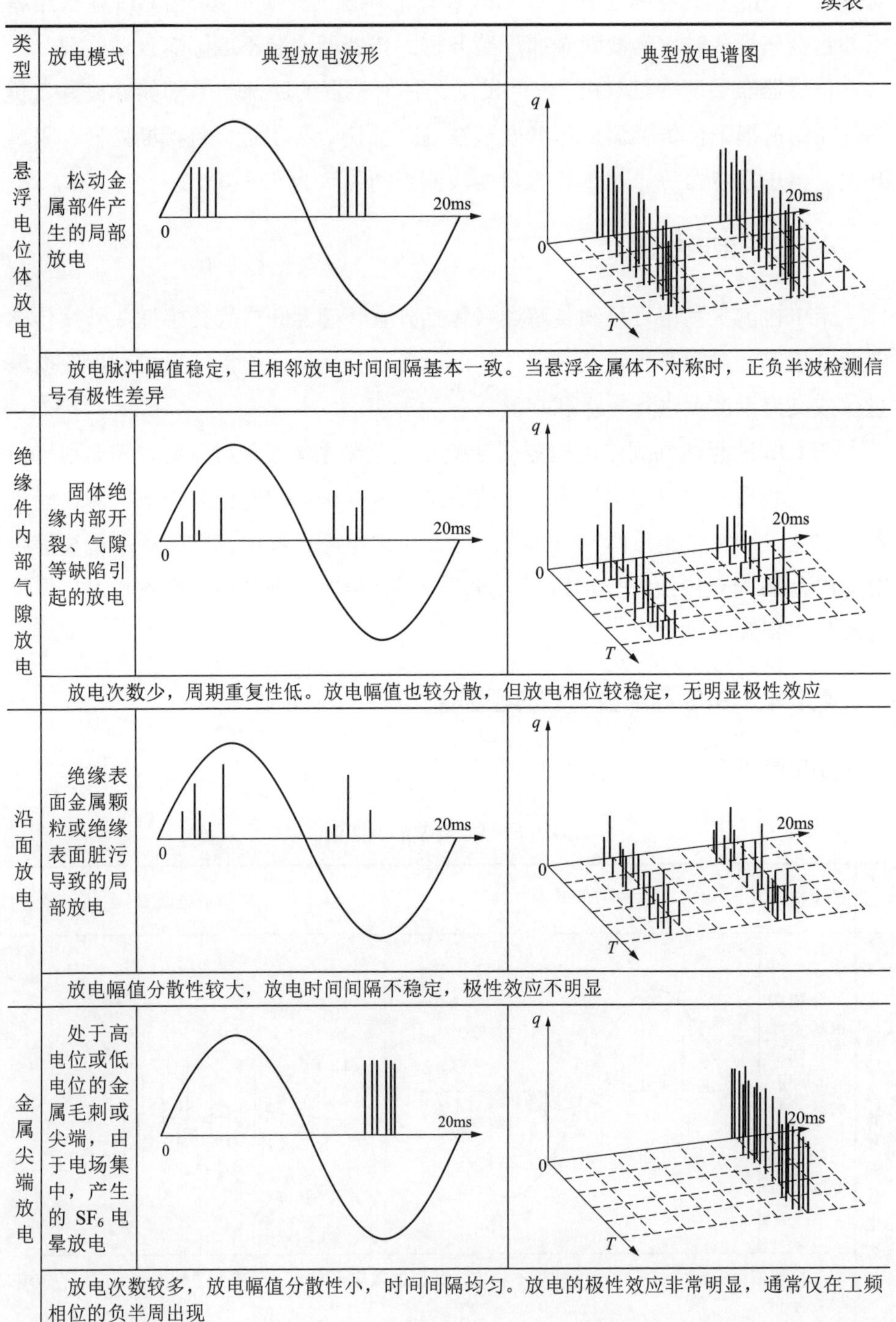

类型	放电模式	典型放电波形	典型放电谱图
悬浮电位体放电	松动金属部件产生的局部放电		
	放电脉冲幅值稳定，且相邻放电时间间隔基本一致。当悬浮金属体不对称时，正负半波检测信号有极性差异		
绝缘件内部气隙放电	固体绝缘内部开裂、气隙等缺陷引起的放电		
	放电次数少，周期重复性低。放电幅值也较分散，但放电相位较稳定，无明显极性效应		
沿面放电	绝缘表面金属颗粒或绝缘表面脏污导致的局部放电		
	放电幅值分散性较大，放电时间间隔不稳定，极性效应不明显		
金属尖端放电	处于高电位或低电位的金属毛刺或尖端，由于电场集中，产生的 SF_6 电晕放电		
	放电次数较多，放电幅值分散性小，时间间隔均匀。放电的极性效应非常明显，通常仅在工频相位的负半周出现		

4.2 超声波局部放电带电检测与故障诊断技术

4.2.1 超声波局部放电带电检测技术原理

超声波局部放电带电检测是一种对 GIS 非常重要的非破坏性检测手段，最初的超声法检测是基于超声脉冲回波技术，主要应用于材料内部裂纹的无损检测。近几年来声发射技术（AE）得到了更广泛的应用。GIS 内部发生局部放电时会发出超声波，不同结构、环境和绝缘状况产生的声波频谱差异很大。GIS 中沿 SF_6 气体传播的只有纵波，而沿 GIS 壳体则既可以传播横波也可以传播纵波，并且衰减很快，检测的灵敏度较低，局部放电超声信号的主频带约集中在 20k～500kHz 范围内。GIS 中的局部放电可以看作以点源的方式向四周传播，由于超声波的波长较短，因此它的方向性较强，从而它的能量较为集中，可以通过壳体外部的超声传感器采集超声放电信号进行分析。

利用局部放电过程中产生的声发射信号对其进行检测具有以下优点：可以对运行中的设备进行实时检测；可以免受电磁干扰的影响；利用声波在介质中的传播特性可以对局部放电源进行定位。声波定位是通过测量声波传播的时延来确定局部放电源的位置。在实验室条件下，运用声波测量法可以对 10pC 的局部放电做出准确的检测和定位，而在现场应用时，却远不能达到如此高的精度。主要原因在于，GIS 内部结构复杂，通常存在多种声传播介质，如盆式绝缘子、SF_6 气体绝缘和金属构件等，它们的介质声速差异很大，这样就会造成沿不同路径传播速度并不相同，因此按照等速时差进行定位就会产生较大的误差。

超声在传播过程中遇到障碍会产生一系列的反射和折射，易受现场周围环境的影响。在 GIS 内 SF_6 的声波吸收率相对很强（其值为 26dB/m，类似条件下空气仅为 0.98dB/m），并且随频率增大而增加。放电所产生的超声波传播到 GIS 壳体上时，会发生反射和折射，而且通过绝缘子时衰减也非常严重，所以常常无法检测出某些缺陷（如绝缘子中的气隙）引起的局部放电。而且由于超声传感器检测有效范围较小，在局部放电检测时，传感器的有效传感范围较小，需对 GIS 进行逐点探查，检测的工作量很大，目前主要用于 GIS 的带电检测。

4.2.2 超声波局部放电带电检测传感器布置示意图

GIS 内部常见毛刺电晕放电、悬浮电位放电和自由金属颗粒等缺陷会激发超声波信号，可以通过放在 GIS 外壳上的超声波传感器进行检测，通过检测到的超声波信号来诊断 GIS 内部局部放电故障，通常用 dBmV、mV 等单位来表征超声波信号强度，如图 4-5～图 4-7 所示。

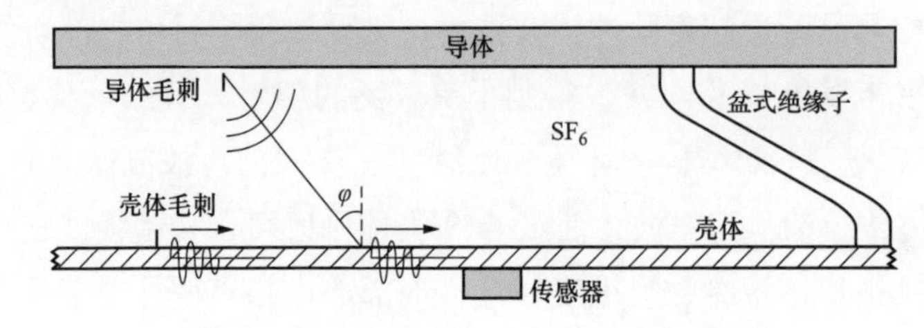

图 4-5　毛刺电晕放电超声波检测示意图

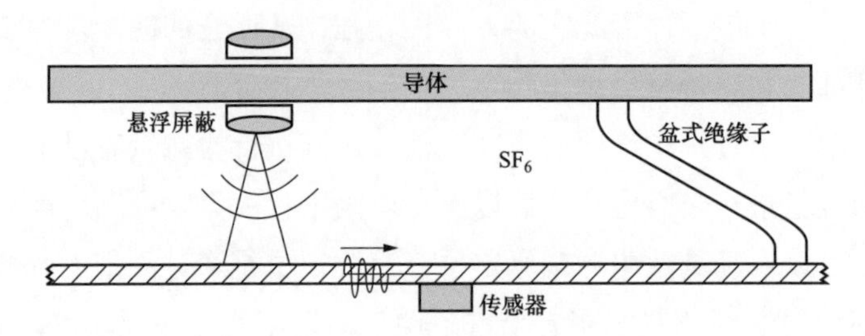

图 4-6　悬浮电位放电超声波检测示意图

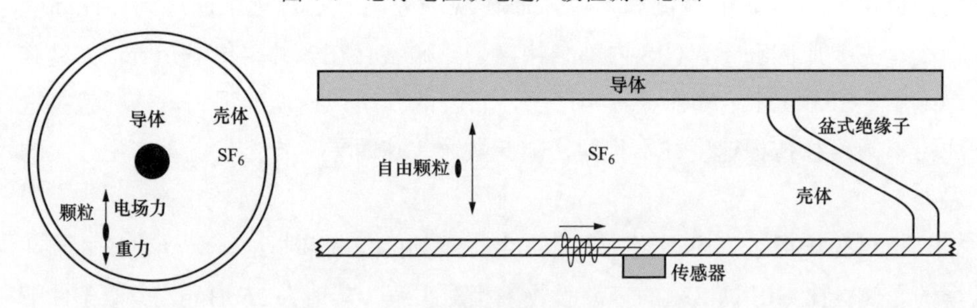

图 4-7　自由颗粒超声波检测示意图

4.2.3 判断标准

4.2.3.1　正常情况

根据背景和检测点所测波信号的周期峰值、有效值、50Hz 相关性、100Hz

相关性、相位分布、时域波形的差异，满足表 4-2 的所有标准即为正常，任何一项参数不满足均可判定为异常。

表 4-2　　　　超声波局部放电正常的判定标准

判断依据	背景	测试数据
周期峰值、有效值	*M* 值	△*M*＜10%
50Hz 相关性	无	无
100Hz 相关性	无	无
相位分布	无规律	无规律
时域波形（是否有异常脉冲）	无	无

注　M 值为环境信号周期峰值/有效值，一般为在等同现场下不带电设备所测得信号值。判断是否有放电，一般以测得信号是否超过背景信号 2 倍判断即差值是否＞6dB。

4.2.3.2　缺陷类型判断

根据背景和检测点所测波信号的周期峰值、有效值、50Hz 相关性、100Hz 相关性、相位分布、时域波形的差异，几种不同缺陷类型的判断标准如表 4-3 所示。

表 4-3　　　　超声波局部放电缺陷类型的判定标准

参数		自由金属颗粒缺陷	毛刺电晕缺陷	悬浮电位缺陷
连续检测模式	有效值	高	较高	高
	周期峰值	高	较高	高
	50Hz 相关性	弱	有	有
	100Hz 相关性	弱	弱	有
相位检测模式		无规律	有规律，一周波一簇大信号，一簇小信号	有规律，一周波两簇信号，且幅值相当
时域波形检测模式		有一定规律，存在周期不等的脉冲信号	有规律，存在周期性脉冲信号	有规律，存在周期性脉冲信号
脉冲检测模式		有规律，三角形驼峰形状	无规律	无规律

（1）自由金属颗粒缺陷放电。自由金属颗粒缺陷放电处理意见见表 4-4。

表 4-4　　自由金属颗粒缺陷放电处理意见

信号幅值	处理意见
背景噪声＜U_{peak}＜5dB	不进行处理
5dB＜U_{peak}＜10dB	缩短检测周期，监测运行
U_{peak}＞10dB	进行检查

（2）毛刺。电晕放电。毛刺一般在壳体上，但导体上的毛刺危害更大。只要信号高于背景值，都是有害的，应根据工况酌情处理。在耐压过程中发现毛刺放电现象，即便低于标准值，也应进行处理。

（3）悬浮电位放电。电位悬浮一般发生在断路器气室的屏蔽松动，TV/TA 气室绝缘支撑松动或偏移，母线气室绝缘支撑松动或偏离，气室连接部位接插件偏离或螺栓松动等。GIS 内部只要形成了电位悬浮，就是危险的，应加强监测，有条件就应及时处理。

对于 126kV GIS，如果 100Hz 信号幅值远大于 50Hz 信号幅值，且 U_{peak}＞10mV，应缩短检测周期并密切监测其增长量，如果 U_{peak}＞20mV，应停电处理。对于 363kV 和 550kV 及以上 GIS，应提高标准。

（4）超声传感器带电检测典型谱图（见表 4-5）。

4.2.4　超声传感器对 GIS 缺陷部位判断

1．单传感器定位法

移动传感器，测试气室不同的部位，找到信号的最大点，对应的位置即为缺陷点，并通过以下两种方法判断缺陷在罐体或中心导体上：

方法一：通过调整测量频带的方法，将带通滤波器测量频率从 100kHz 减小到 50kHz，如果信号幅值明显减小，则缺陷应在壳体上；信号水平基本不变，则缺陷位置应在中心导体上。

方法二：如果信号水平的最大值在 GIS 罐体表面周线方向的较大范围出现，则缺陷位置应在中心导体上。如果最大值在一个特定点出现，则缺陷应在壳体上。

表 4-5　　超声传感器带电检测典型谱图

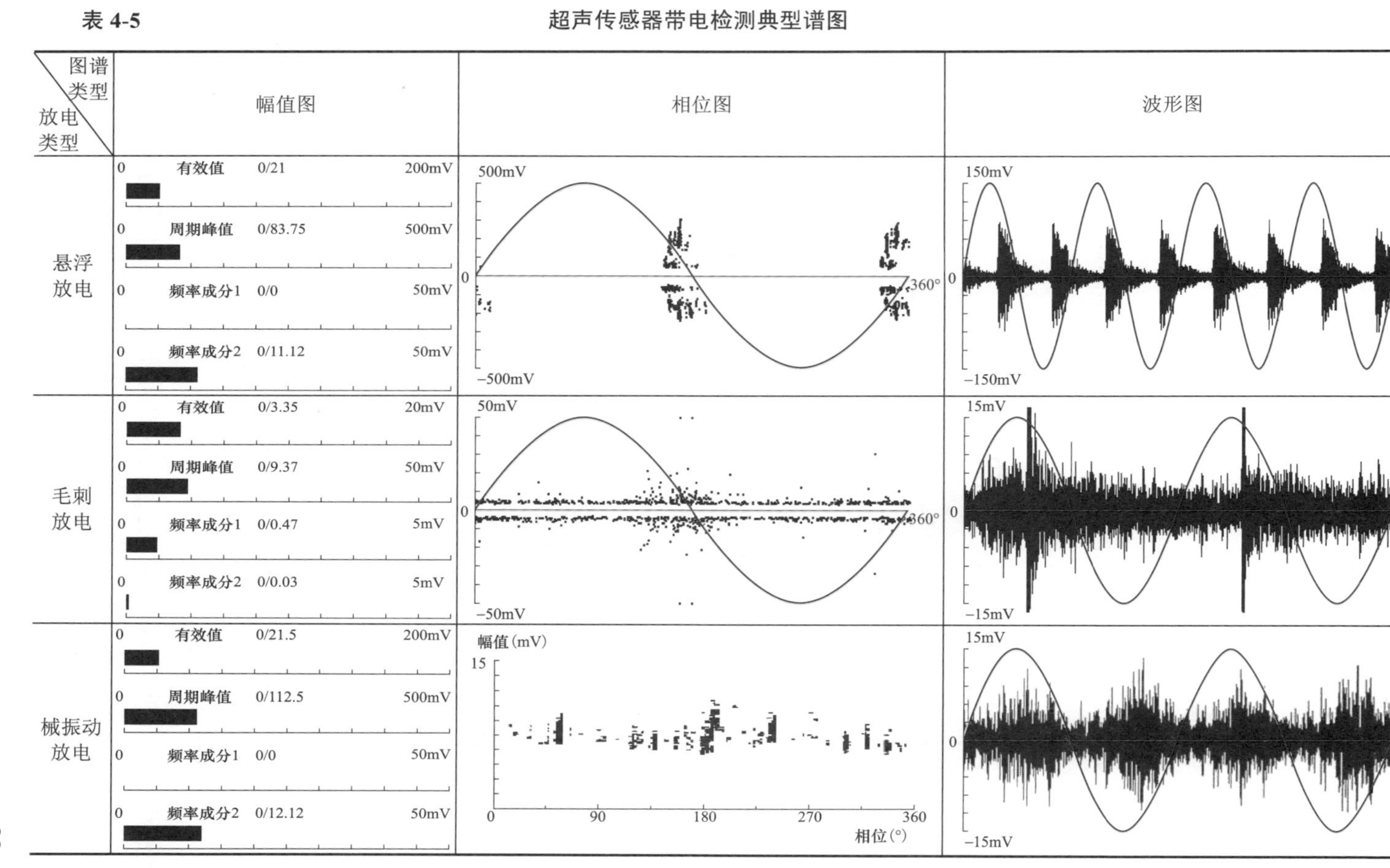

2．多传感器定位法

利用时延方法实现空间定位。在疑似故障部位利用多个传感器同时测量，并以信号首先到达的传感器作为触发信号源，就可以得到超声波从放电源至各个传感器的传播时间，再根据超声波在GIS媒质中的传播速度和方向，就可以确定放电源的空间位置。

4.3 GIS气体成分带电检测与故障诊断技术

4.3.1 SF_6气体特征分解物的组成

SF_6气体在火花放电的作用下，绝大部分分解为硫和氟原子，电弧熄灭后，少部分在重新结合的过程中与游离的金属原子、电气设备中的固体绝缘物质及水发生化学反应，产生金属氟化物以及HF、SO_2、SOF_2等。分解物的产生包括2个主要过程，气体分解产生低氟化物，同时这些低氟化物又与电极材料、绝缘材料及气体杂质等进一步产生反应，生成金属氟化物和碳氟化物（见图4-8）。

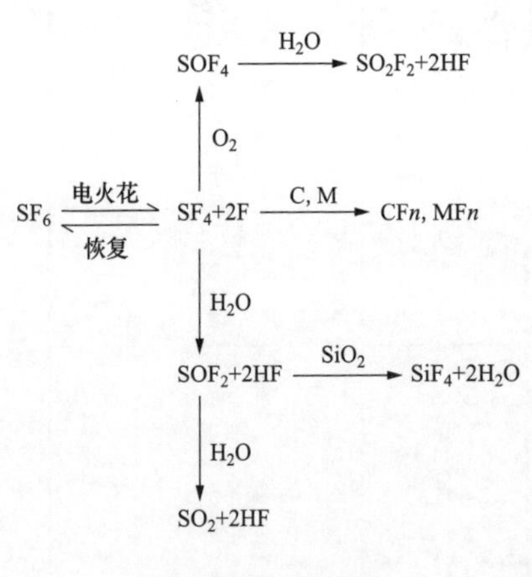

图4-8　SF_6分解物

由于局部电场强度升高可能会产生电晕放电，分解物的多少与放电时间成正比。在局部电晕放电故障中，SOF_2是主要的分解物，同时SO_2F_2的含量比火花放电和电弧放电所产生的高。电弧放电，故障电流一般很大，可达60kA，电弧内部温度可以升高到接近30000℃。在电弧的作用下SOF_2和H_2O是主要分解物，通常它们是由最初分解产物SF_4和H_2O作用后形成的。在SF_6设备中，过热通常是由于设备中触头接触不良造成的，此时没有放电。电气设备中的固体绝缘物质，包括聚四氟乙烯、聚酯乙烯、纸和漆（他们主要由C、H、F和O等元素组成），在超过200℃时逐步分解，主要包括CO_2及痕量低分子烃。在生产现场，通常测量设备中SOF_2、SO_2、H_2S、CF_4及CO_2共5种物质的量以判断设备状态。

表 4-6　　SF_6 气体特征分解物

分解物	放电故障	过热故障
硫化分解物	SO_2，H_2S，SF_4，SO_2F_2，SOF_2	—
氟化分解物	HF，CF_4，SiF_4	—
碳化分解物	—	CO_2 和低分子烃

4.3.2 SF_6 气体分解物检测方法

SF_6 气体广泛应用于 GIS、断路器等电气设备中的绝缘介质。气体绝缘设备内部绝缘状态判断仍存在重大技术难题，寻找有效评估气体绝缘设备内部状态的方法显得尤为重要。SF_6 气体杂质来源见表 4-7。

表 4-7　　SF_6 气体的杂质来源

SF_6 气体使用情况	杂质来源	可能产生的杂质
新的 SH_6 气体	生产过程中产生	Air、Oil、H_2O、CF_4、可水解氟化物、HF 和氟烷烃
检修和运行维护	抽真空、压缩机和泄漏	Air、Oil 和 H_2O
内部故障	严重过热、电晕放电、火花放电和电弧放电	HF、SO_2、SOF_2，H_2S、CO、SOF_4、SO_2F_2 和低分子烃
开关设备	电弧放电	HF、SO_2、SOF_2、H_2O、SOF_4、SO_2F_2、CuF_2、SF_4、WO_3、CF_4 和 ALF3
	机械磨损	金属粉尘、微粒

对于气体绝缘设备内部潜伏性故障诊断，及设备事故后故障定位等，SF_6 气体分解物检测具有受外界环境干扰小、灵敏度高、准确性好等特点。

SF_6 电气设备分解产物的检测方法有电化学法、比色法、气相色谱法、电离法、动态离子法和红外吸收光谱法等。动态离子法和电离法的稳定性差，灵敏度低，难以检出潜伏性故障；色谱法和红外吸收光谱法的灵敏度较高，稳定性尚好，但气相色谱法及红外吸收光谱法不适用于 SF_6 电气设备分解物的现场检测，仅适用于试验室对气瓶中的 SF_6 气体试验。SF_6 电气设备分解产物现场检测只能采用流动法。比色法灵敏度低，难以检出潜伏性故障；电化学传感器灵敏度较高、稳定性好、反应速度快、耗气量少，能有效检出内部潜伏性故障。

1．气相色谱法

气相色谱是以惰性气体（载气）为流动相、以固体吸附剂或涂渍有固定液的固体载体为固定相的柱色谱分离技术，配合热导检测器（TCD）、火焰光度检测器（FPD）、电子捕获检测器（ECD）、氢火焰离子化检测器（FID）和氦离子化检测器（PDD）等，可对气体样品中的硫化物、含卤素化合物和电负性化合物等物质灵敏响应，检测精度较高，主要用于实验室测试分析。

优点：高气相色谱法是 SF_6 气体分解物实验室分析的主要手段，可对分解物中大部分组分的定性和定量，检测精度。

缺点：对于某些不稳定物质的响应及色谱柱的限制，气相色谱仍未能对所有组分进行分离和分析。此外因气相色谱法需由标准物质进行定量，在缺乏标物的前提下，其对分析物质的鉴别功能较差。

2．红外吸收光谱法

红外吸收光谱法主要用于实验室测试分析，指利用不同物质对不同波长红外光的选择性吸收来进行分析的方法。红外吸收光谱法可用于检测 SF_6 气体及其分解产物含量，与 SF_6 气体纯度检测原理类似，利用一束红外光穿过样品气体时，由于样品气体对红外光的吸收，红外光的吸收量与该气体浓度之间呈线性关系。透过的光与发射的光的比值对波长的函数构成了样品物质的红外吸收光谱，特定气体的红外吸收光谱将在该气体的吸收波长处表现出尖峰。

优点：红外吸收光谱法具有无需气体分离、需要样气少、可定量分析、检测时间短的优点，故可进行在线监测。

缺点：SF_6 及其部分分解气体的吸收峰十分接近，存在交叉干扰现象，且吸收峰的强度与物质的含量不是严格的线性关系，不易准确定量，实际测量中，应该对整个红外光谱进行多次测量并取平均值，以减少噪声干扰。光谱图必须具有足够的分辨率，能够分辨出吸收频带进而对气体组分进行定性和定量。

3．检测管法

检测管法指被测气体与检测管内填充的化学试剂发生反应生成特定的化合物，引起指示剂颜色的变化，根据颜色变化指示的长度得到被测气体中所测组分的含量。

检测管可用来检测 SF_6 气体分解产物中 SO_2、HF、H_2S、CO、CO_2 和矿物油等杂质的含量，测量原理是应用化学反应与物理吸附效应的干式微量气体分析法，即“化学气体色层分离（析）法”。图4-9为SO_2检测管（量程为10μL/L）测量故障气体时呈现的填料变色照片。其中HF因具有强腐蚀性，使其现场检测手段受到较大限制，大多用气体检测管测量其含量变化。

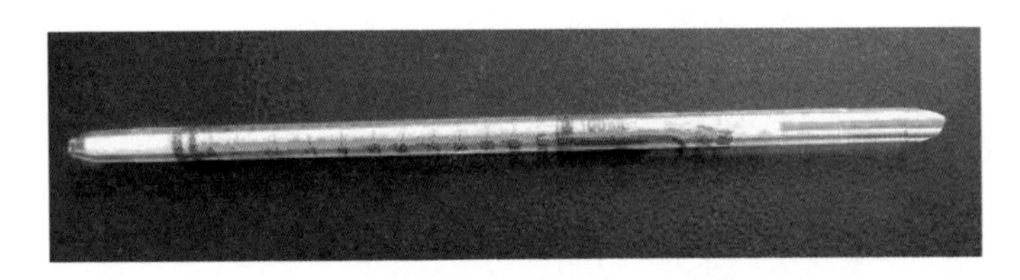

图4-9 SO_2气体检测管的填料变色

优点：检测管法具有携带方便、量程范围大，操作简便、分析快速，灵敏度高、不需要维护等优点，已被成功投入商业应用。

缺点：其检测精度较低，容易受到温度、湿度和存放时间的影响，存在交叉干扰，且对于大部分SF_6分解组分还没有对应的检测管，故该方法只能作为一种辅助检测方法，推荐用于气体粗测，初步确定含量范围。

4．电化学传感器法

电化学传感器技术指利用被测气体在高温催化剂作用下发生的化学反应，改变传感器输出的电信号，从而确定被测气体成分及其含量。电化学传感器具有较好的选择性和灵敏度，被广泛应用于SF_6气体分解产物的现场检测。

优点：电化学传感器法适合现场使用，具有检测速度快、效率高、数据处理简单、可以与计算机配合使用从而实现自动在线检测诊断等突出优点。

缺点：试验受环境影响较大、耗时长和试验方法较繁琐，只能检测到SO_2、H_2S、CO和HF，而对SO_2F_2、SOF_2、SF_4、SOF_4和CF_4等则无法检测。此外，检测中组分间会出现交叉干扰，数据的精密度不够高。常见的传感器材料为半导体气敏材料，传感器有使用寿命，有效期一般为2～3年。

5．光声光谱法

光声光谱技术的原理基于光声效应，光声效应是指气体分子吸收能量后被激发到高能态，处于高能态的分子跃迁回低能态时释放的热量使气体温度上升，产生压力波，而压力波的强度与气体分子的浓度成比例关系。

优点：光声光谱法可通过检测不同压力波的强度来检测不同的气体组分，其不消耗被测气体，检测灵敏度高，检测速度快，检测范围宽，且便于开发在线监测装置。

缺点：在光声光谱技术的应用研究中，当前研究主要集中在讨论单一气体或少数几种常见气体混合状态的微量气体检测，还处于实验室研究阶段，将其应用于检测 SF_6 局部放电气体分解产物现场检测的研究还不多见。因此，有必要深入研究 GIS 设备中 SF_6 局部放电分解产物的光声光谱现场检测方法、仪器及其影响因素。

6．气质谱联用法

气相色谱仪已广泛用于油中气体检测。先将样品用色谱分离，然后由质谱鉴定。质谱工作原理是将被分析的物质用一定方式电离成多种特定组分的离子，再将其聚成离子束，经加速后通过磁场，根据各种离子的质荷比不同而分别将其检出。

气相色谱—质谱（GC-MS）的一般组成结构图如图 4-10 所示。采用气相色谱—质谱联用分析能够检出大约 1ppm 的 SOF_2、SOF_4、CF_4 和其他不常见的气体分解产物如 COS、Si（CH_3）$_2F_2$。

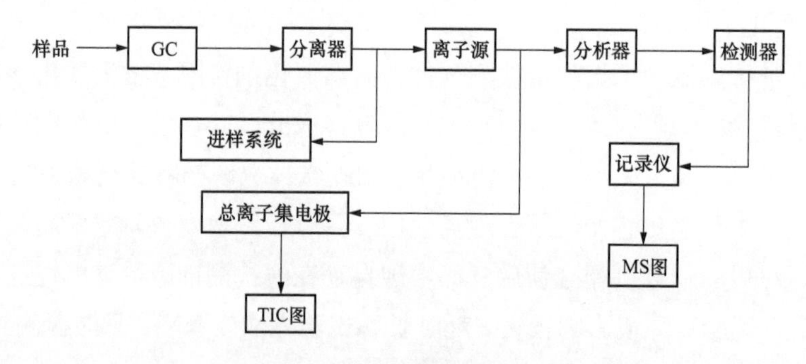

图 4-10　GC-MS 组成方块图

优点：气质谱联用法能够对 SF_6 气体中各种组分进行定性分析，气相色谱法具有灵敏度高、分析效率高、定量准确及易于自动化等优点。

缺点：此方法取样和分析过程中可能混入水分导致一些组分水解，且不能检测 HF 和 SOF_4 组分。检测时间较长，不能实现连续在线监测，且不适于现场在线监测应用。虽然便携式的气相色谱仪现在已经得到广泛的利用，但由于检测的组分太少，且检测时间过长，分离容易受到温度影响，导致检测结果不理想。

SF_6分解物检测方法对比见表4-8。

表4-8　　SF_6分解物检测方法对比

检测方式	工作原理	检测对象	优缺点
气相色谱法	样气首先在特定色谱柱上分离，利用热导检测器（TCD）和火焰光度检测器（FPD）检测	10余种气态物质	实验室进行；被检测物常由于含量低需要富集浓缩；耗时长；样品用量较少，灵敏度高；检测能力受标准样品和色谱分离能力的限制；受取样水平影响
红外吸收光谱法	SF_6及其分解物在2～20μm的红外光区有明显的吸收光谱，使用色散型红外分光光度计或傅立叶变换红外分光光度计，将记录到的图谱与参照图谱比较，可以直接检测出SF_6气体中分解物的含量	10余种气态物质	实验室进行；被检测物常由于含量低需要富集浓缩，耗时长；样品用量较少、灵敏度高、精确可靠；受取样水平影响；存在交叉干扰
检测管法	被测气体通过气体检测管，根据所要测定的组分与检测管内填充的特定化学物质发生反应而使检测管内指示剂发生颜色改变的量来确定待测组分的含量	SO_2、HF和H_2S等	可以在现场进行检测；操作简单、简便易行；耗气量少；耗时短；检测管一次性使用
电化学传感器法	根据电化学原理，利用待测物质的浓度与电信号之间存在的特定关系来确定物质的含量	SO_2、H_2S、HF、CO等	可以在现场进行检测；操作简单、简便易行；耗时短、耗气量少；样品用量少、灵敏度高、精确可靠
光声光谱法	基于光声效应，光声效应是指气体分子吸收能量后被激发到高能态，处于高能态的分子跃迁回低能态时释放的热量使气体温度上升，产生压力波，而压力波的强度与气体分子的浓度成比例关系	单一气体或少数几种常见气体混合状态	不消耗被测气体，检测灵敏度高，检测速度快，检测范围宽，且便于开发在线监测装置。 当前研究主要集中在讨论单一气体或少数几种常见气体混合状态的微量气体检测，还处于实验室研究阶段
气质谱联用法	将被分析的物质用一定方式电离成多种特定组分的离子，再将其聚成离子束，经加速后通过磁场，根据各种离子的质荷比不同而分别将其检出	SOF_2、SOF_4、CF_4、COS、Si（CH_3）$_2F_2$	能够对SF_6气体中各种组分进行定性分析，具有灵敏度高、分析效率高、定量准确及易于自动化等优点。 取样和分析过程中可能混入水分导致一些组分水解，且不能检测HF和SOF_4组分。检测时间较长，不能实现连续在线监测，且不适于现场在线监测应用

4.3.3 SF_6气体分解物检测仪

目前电力行业应用较多的SF_6气体分解物检测仪为美国USONQ200，如图

4-11所示。

该设备基于微处理器，运用VFD（真空荧光显示）对泄漏率提供即时读取。其内部记忆系统可存储100个单独的泄漏率读数，且可通过RS232分界连接器将读数打印输出。

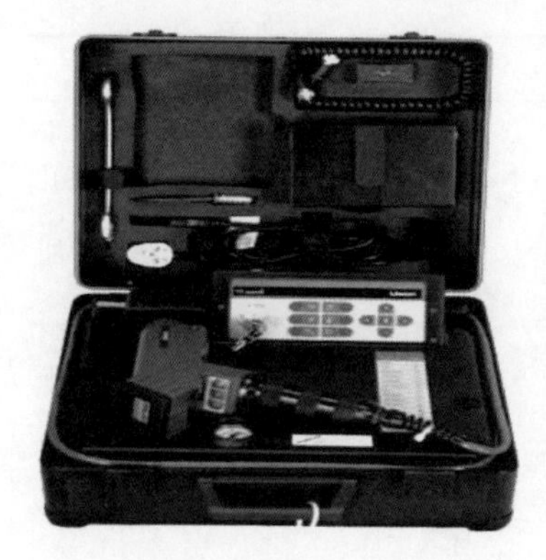

图4-11　USONQ200

采用电子捕捉探测（ECD）原理，探枪内部含有低功率放射源。测量泄漏，当示踪气压略高于周围环境气压时，测试成分中的示踪气充满。该条件将导致示踪气通过任何裂缝、小孔或多孔渗水区域泄漏。示踪气的泄漏将会由Q200检测和量化出来。

每台设备对特殊的示踪气或测量装置的配置均由厂家设定。设备默认配置为对SF_6的监测，可通过特殊设定以满足其他气体的配置。

4.4　SF_6气体红外成像带电检漏技术

4.4.1　泄漏检测方法

1．SF_6气体泄漏产生的问题

（1）SF_6气体在电弧、局部放电以及高温等因素的作用下分解产生的分解物与泄漏进来的水分反应会产生如HF、SOF_2、S_2F_2、SO_2、SF_4等腐蚀性极强的酸性物质，会对设备的金属元件以及密封绝缘材料产生腐蚀作用，影响设备的机械性能，缩短设备的使用寿命，降低设备的绝缘能力，其毒性也会对运行维护人员的人身安全造成巨大的危害。

（2）SF_6气体在压强为101.325kPa、气温20℃时的密度为6.16g/L，而只在这个条件下它才具有优异的绝缘、灭弧性能，但是设备的泄漏将会对气体的压强产生影响，从而对气体的密度值产生影响。

（3）根据《京都议定书》，SF_6气体具有强烈温室效应，温室效应是CO_2的23900倍，所以它的泄漏对于大气环境将造成巨大的危害。

（4）SF_6气体价格昂贵，且SF_6高压电气设备在电力系统中应用广泛，如若设备泄漏造成频繁充气会对电力系统造成巨大的经济压力。

因此，考虑到以上的这些不利影响，有必要系统地总结高压电气设备 SF_6 气体泄漏的检测方法，并分析和比较这些方法的适用范围和优缺点。

2．SF_6 气体泄漏原因

（1）工厂制造精度不够，设备外壳有砂眼，密封质量不过关，设备装配不当等；

（2）SF_6 设备现场安装不当，或大修大拆后密封面处理不到位；

（3）SF_6 设备运行过程中产生震动，如开关分合、变压器振动等；

（4）密封材料老化造成漏气；

（5）设备在补气、测微水等操作后，阀门闭合不严；设备上阀门中波纹管开裂。

3．常见 SF_6 泄漏检测方法

SF_6 泄漏常见检测方法特性对比如表4-9所示。

表4-9　　SF_6 泄漏常见检测方法特性对比表

检测方式	检测结论	精度	复杂程度	成本
红外光谱吸收成像	定性	一般	复杂	较高
激光光声	间接测量方法	高	一般	较高
紫外线电离	可定性，不易定量	低	一般	较高
红外辐射成像	定性	高	一般	较高
电子捕获检测	定性	高	复杂	高
负离子捕获	定性及定量	一般	简单	一般

4.4.2 SF_6 气体红外辐射检测方法

红外辐射检测方法使用对 SF_6 的红外辐射波段敏感的红外热像仪对可能泄漏的设备进行大范围拍摄，当存在 SF_6 泄漏时，红外热像仪检测到气体辐射并在显示设备上形成直观画面。

红外辐射成像系统属于被动式检测，它具有良好的实时性和远程性，但成本相对较高，且只能确定漏点，无法定量地测出泄漏的速度或浓度，适合作为监测设备来使用。此外，由于大气中含有各种各样的背景光，而红外成像仪在拍摄时不可避免地会接收到这些“噪声”背景光，对 SF_6 泄漏的观测形成干扰，因此，这种检测方法要求红外成像仪具有较高的灵敏度以滤除干扰和区分不同气体辐射间的细微差别。

红外辐射检测是较为先进的现代检测方法，虽然具有一定的局限性，但检测技术较为成熟，在各配电场所得到了较广泛的应用，可以安全的在远距离对泄漏点进行检测，保障了运行、检修人员的不受触电和气体中毒危险，减少了停电时间，可提高设备的供电可靠性，SF_6 气体泄漏激光成像技术的应用，大大提高了现场漏点查找的效率。

其优点有精度高，画面直观，可定性，可以直观、准确、快速的发现并定位泄漏点，具备良好的实时性及远程性；缺点有结构复杂、价格十分昂贵，仅能确认泄漏点，不能定量。

目前行业内主要应用的红外成像检漏仪是 FLIR 公司的产品，该红外检漏仪采用新一代的成像测漏技术，专为查找特定的、非可见气体（如 SF_6）而设计的可测温的红外成像仪。将不可见的气体泄漏成像，并直观的显示，十分适合用于对变电站等 SF_6 设备进行远距离检测，查找 SF_6 气体的泄漏点。其中红外成像检漏仪 F306 工作波段为 10.3～10.7μm，可带电、非接触检测，实时捕捉气体泄漏视频图像，大大减少了因停电维修而带来的损失；远距离检测目标，工作人员更安全；能够捕捉微量 SF_6 气体的泄漏，准确定位泄漏点，省时省力；仪器轻便小巧（2.48kg），操作简便。SF_6 气体红外成像检漏仪如图 4-12 所示。

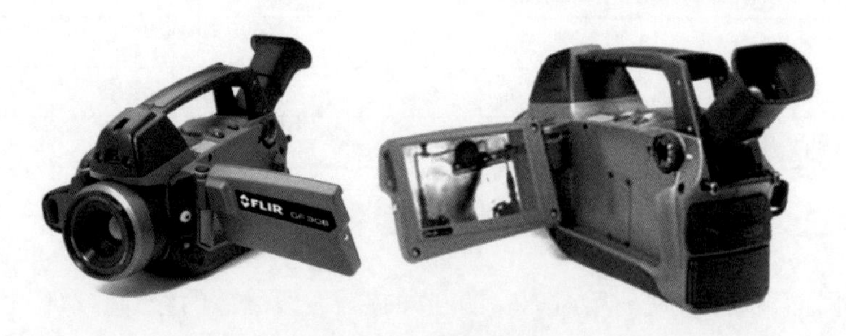

图 4-12　SF_6 气体红外成像检漏仪 F306

4.5　GIS 触头温度带电检测与故障诊断技术

4.5.1　GIS 触头温度监测基本要求

GIS 设备内部具有强电磁场、高电压、通过电流大、温度高等特点。GIS

设备对清洁性要求极高，GIS 内部的金属颗粒或者油等都需要清理，清洁度不够则有可能在 GIS 高压试验时导致高电压击穿现象，GIS 设备对气体密封性要求苛刻，SF_6 气体在均匀电场下的绝缘性能是空气的 3 倍，在 1 个大气压下，灭弧能力远超于空气，是目前应用最广泛的绝缘气体，但是如果与空气混合，绝缘性能会大幅下降，造成隐患。综合上述特点，对 GIS 内部触头温度的监测是行业内的技术难题，需要克服以下难题才能实现：

（1）不破坏设备的气密性。GIS 设备内部空间狭小度分布规律的实验中，需要将传感器尺寸、安装手段及温度信号收集及传输手段等影响因素都考虑在内。

（2）具有强抗电磁干扰能力。GIS 的母线等设备通过电流一般可达到 1kV 及以上，电压等级一般在 110kV 以上，设备内部会产生强电磁场，会对传感器接受信号的过程产生干扰，因此要求传感器具有强抗电磁干扰能力，确保最终的测量结果不受影响。

（3）耐热性能良好。设备工作过程中母线及断路器等部位会有大电流持续经过，产生大量的焦耳热，而 GIS 内部空间狭小，结构紧凑，使得大量的热量无法传输出去，导致 GIS 内部温度较高，触头局部发热量大，因此监测触头等位置时，需要耐热性能良好的传感器。

结合上述要求进行系统全面的研究和分析，符合条件的 GIS 触头温度监测技术有测量回路电阻等触头状态辅助监测方法、红外辐射测温技术、红外热诊断技术以及光纤光栅（FGB）测温技术。

4.5.2 GIS 触头温度监测技术

1. 测量回路电阻

GIS 内部的回路电阻会随着温度的升高而升高，当发生接触不良等故障时，触头处的温度会大幅上升，触头处的电阻常高于规定值，使得触头处温度进一步升高，形成恶性循环。测量回路电阻是判断 GIS 过热故障的一个重要技术手段。同时，将测量回路电阻的现场值与制造商提供的合理电阻值进行比较，可以判断出现场的 GIS 设备的安装情况和导电回路的完整性，将电阻值相比对可以判断 GIS 设备是否合格。现阶段回路电阻测试仪在电力领域的应用多为开关设备的测试。回路电阻测量是判断 GIS 过热故障的一个有效手段，原理简单、容易实现，但也同时存在需要断电测量、无法实现带电测量等一些问题。

2．红外辐射测温技术

高于绝对零度的物体就一定会向其所处位置附近散发红外辐射能量，具体辐射能量大小的决定因素就是物体的表面温度，所以只需要测量其红外辐射能量就可以间接的得到物体表面温度。将红外辐射测温技术运用到监测 GIS 温度，可以避免放置传感器触头进入 GIS 内部，不破坏 GIS 设备的密封性，不干扰设备的正常运行，但也存在一些的不足：测得的结果会受到 GIS 导体表面发射率影响，非接触式测温结果有所偏差，如会受到与被测物体之间的气体影响，SF_6 气体会吸收一部分红外线。在 GIS 开关设备温度监测中应用红外辐射测温技术，实现了非接触在线测温，避免了与被测物体表面直接接触，解决了电磁场干扰与热稳定性的难题。但是要运用于现场，还有以下两个问题待进一步研究：①非金属辐射涂料对 GIS 绝缘影响：②GIS 气密性问题。

3．红外热诊断技术

红外热诊断技术是在红外热成像仪被研发并大规模投入市场之后才兴起的，其原理是将红外热成像仪所监测并呈现出来的温度和数值计算结合到一起，以此来对设备的温度及故障进行监测诊断。运用红外热成像仪容易取得 GIS 金属外壳的温度，但是无法取对内部触头等位置的温度。通过和对比同类设备的红外温度成像图，来判断 GIS 的热故障情况。如果试图对设备内部发热等信息进行针对性的定量监测与诊断，还需要结合设备实际情况制定出系统完善的热传递模型，以此来求解导热反问题。该技术能够对设备开关温度进行有效监测，具有不破坏设备密封性，图像直观等特点。对于内部触头温度的测量，目前导热反问题的求解还不够成熟，仍处于定性判断阶段。我国著名学者师晓岩率领的研究团队经过长时间研究后提出了一种 GIS 触头温度监测的新方法，但这种方法所依据的物理及数学模型都是按照理想状态构建的，没有考虑到实际应用中的电流波动、工作环境等因素的影响与干扰，因此其提出的新方法还需将电流波动、工作环境等干扰因素添加到模型中，再加上触头过热会导致导体及外壳轴向上出现不一致的温度，因此还需要将原有的二维模型进行改进完善，使其成为三维模型。

4．光纤光栅测温技术

光纤光栅技术的原理就是依据光纤材料独特的光敏特性，借助紫外光曝光

技术，以此来在光纤内形成折射率的周期分布。该技术的典型代表就是光纤布拉格光栅。该光栅的周期达到了 0.1μm 级，借助光纤芯区折射率来呈现温度，即便是周期折射率出现扰动也只能给很窄一段范围内的光谱产生干扰。这就意味着宽带光波在该光栅内进行传输的时候，入射光波会直接在其相应波长直接被反射，剩下的所有透射光都不会受到太大的影响，以此来实现波长选择之目的。光纤光栅测温技术具有抗干扰能力强、不受电磁干扰、精度高、重复性好、可定点测量等特点。现在应用广泛的主要有直接测温与间接测温两种手段。其中直接测温就是将温度传感器触头直接粘贴于被测物体表面，此方法优点是对温度变化响应快，缺点是安装于 GIS 内部可能降低设备的绝缘强度，安装困难。间接测温将光纤光栅温度传感器触头放置于易于测量的位置，比如 GIS 金属外壳位置，利用金属外壳温度与内部导体触头的关系，反推出内部触头的温度值，从而进行 GIS 的状态评估，其主要优点是不破坏设备的绝缘强度，不影响开关设备的密封性，精度高，缺点是对温度变化的响应时间长，测温结果易受到环境因素影响。

4.6 GIS 智能化及其带电检测与故障诊断技术

智能化 GIS 指在 GIS 中植入电流霍尔传感器、行程传感器、SF_6 传感器、局部放电传感器、ECVT 传感器和视频传感器等各种传感器，基于物联网技术手段对智能化 GIS 设备进行信息采集和获取，对简单的数据进行实时就地分析并对异常数据进行告警提醒，通过互联网技术将变电站运行的数据远程传回数据诊断中心进行状态与故障诊断。基于大数据、云计算等技术对 GIS 设备状况进行实时自我诊断，故障自动识别。为变电站改变以往的定期或者事后检修模式向状态检修方向转变提供了可能。

4.6.1 GIS 智能化架构

GIS 智能化架构如图 4-13 所示，架构包括植入各种智能传感器的高压开关设备本体、数据采集装置、IEC 61850 变电站光纤通信网络、变电站就地分析中心、远程通信网络、数据诊断中心。

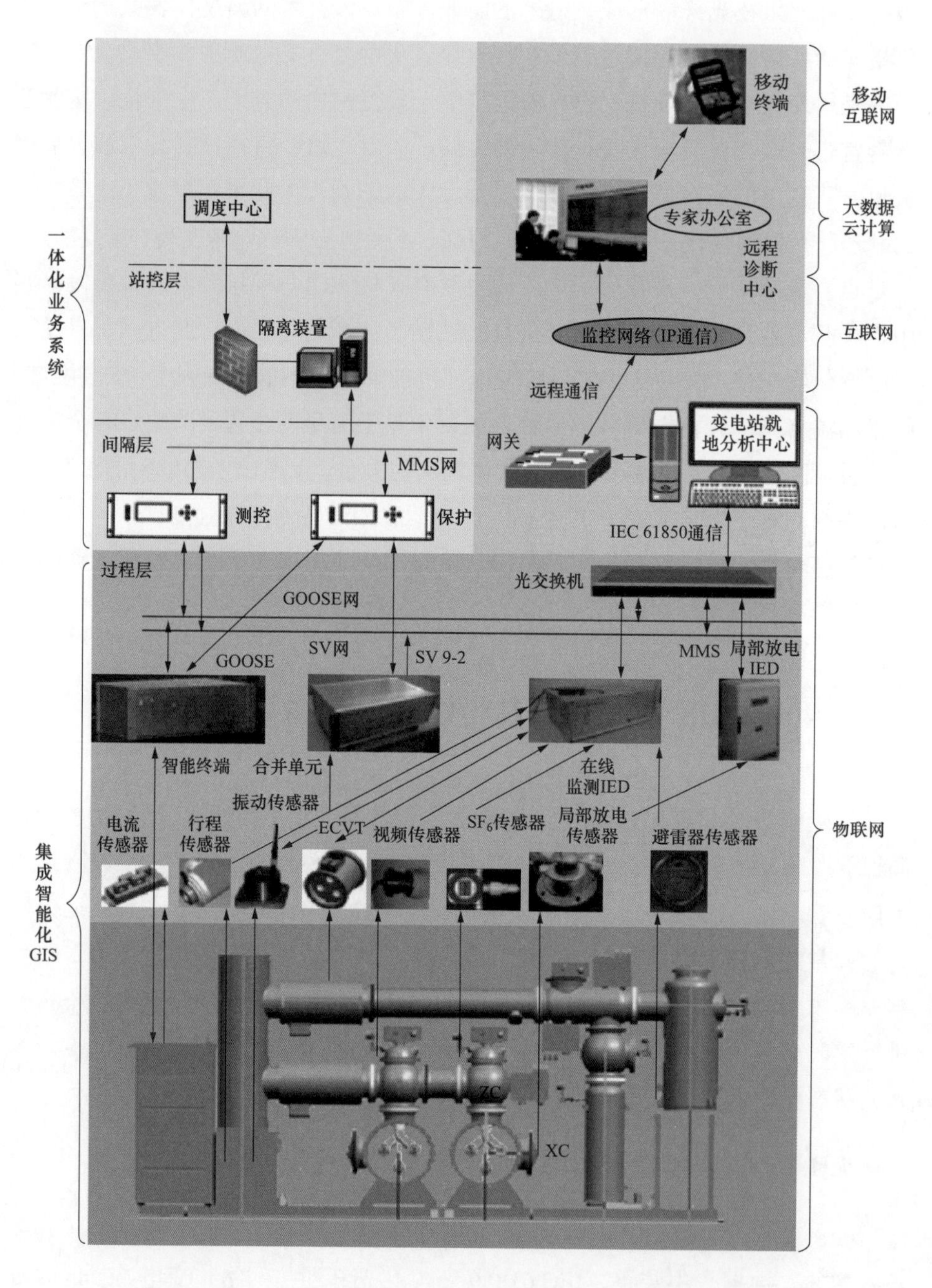

图 4-13　具有远程专家自诊断功能的智能化 GIS 结构示意图

4.6.2 智能传感器

1．智能传感器技术参数要求

智能传感器技术不断成熟，2010 年以来逐步在变电站得以成功应用，智能化 GIS 用传感器的性能要求包括以下四个方面：

（1）有良好的静态特性和动态特性；

（2）传感器的输出信号能和后级处理接收单元很好地匹配（统一的通信规约）；

（3）抗电磁干扰能力强、可靠性高、实时性好、寿命和 GIS 本体一致；

（4）采用内置式或外置式安装，对 GIS 设备无影响或影响很小。

2．一体化设计置入 GIS 的智能传感器

GIS 状态监测包括断路器机械特性监测、SF_6 气体状态监测、避雷器状态监测，局部放电检测，隔离开关特性监测、触头位置检测、断路器振动状态监测、主回路电流和电压信号监测等。

断路器机械特性监测内容有断路器行程、分合闸速度、分合闸电流、储能电机电流。断路器机械特性在线监测系统主要是通过在 GIS 断路器操动机构的主要监测部位安装信号传感器（光电编码器），实时监测动触头行程曲线、分合闸操动线圈电流波形、储能电机电流波形。

SF_6 气体状态监测传感器通过内置的压力、温度、湿度传感器，采集 SF_6 气体参量，并折算到 20℃时的气体状态进行定量评估。SF_6 传感器一次硬件接口与 SF_6 密度计相同的自封接头，传感器传输介质为屏蔽电缆，通信采用 RS485 协议。

对避雷器进行在线监测来确定是否停电进行试验，能够有效发现避雷器受潮和老化等缺陷；或者用在线监测的数据，通过“纵比”（与同一设备连续监测的数据对比）可进一步判断属于何种潜伏性故障。

GIS 局部放电既是 GIS 绝缘劣化的征兆和表现形式，又是绝缘进一步劣化的原因。智能局部放电传感器实际应用的检测手段有以下几种：脉冲电流法、超声波法、超高频法。

隔离开关是 GIS 设备的重要组成部分，其作用是在分闸状态下使 GIS 有明显可见断口，在合闸状态下能可靠通过额定电流和短路故障电流。为了能够清

晰地监控隔离开关断在开关设备本体观察窗断路器在操作工程中会引起断路器的振动，通过振动传感器获取断路器的振动信号，并对信号进行分析，可以识别断路器常见的集中故障，包括机构变形、电磁铁卡塞、触头磨损、润滑不良、螺丝松动等。

开断电流是影响断路器电磨损乃至电寿命的最主要的因素，因此开断电流的准确采集是研究电寿命必须获取的重要参量。但是由于断路器开断电流变化范围非常大，随着光纤传感技术、光纤通信技术的飞速发展，光电技术在电力系统中的应用越来越广泛。电子式互感器（传感器）就是其中之一。

4.6.3 物联网技术的应用

物联网技术是互联网向物理世界的延伸，是传感器技术、通信技术和信息服务技术融合发展的产物。智能化 GIS 物联网可划分为一个由感知层、网络层和应用层组成的 3 层体系，全面感知、可靠传送、智能处理是智能电网物联网的核心能力，如图 4-14 所示。感知层利用一体化传感器对智能化 GIS 设备进行

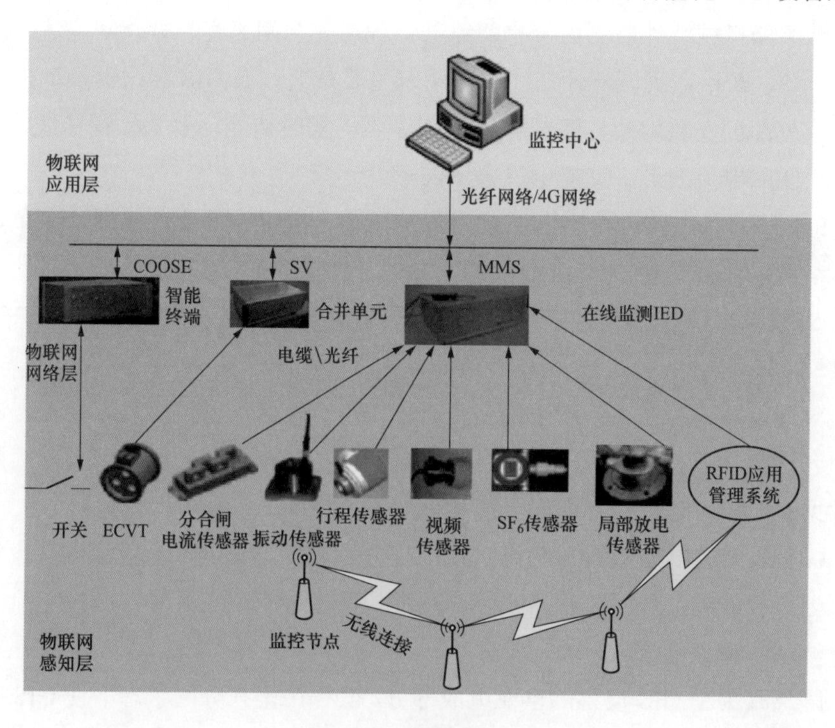

图 4-14　物联网技术

信息采集和获取。网络层通过各种通信网络与互联网进行可靠数据传送融合，将GIS设备感知到的数字信号接入IEC 61850信息网络，实时进行可靠的信息交互和共享。应用层利用模糊识别等各种智能计算技术，对海量的跨地域、跨行业、跨部门的数据和信息进行分析处理，提升对GIS设备运行数据分析和预测，实现智能化的决策和故障自动识别。

4.6.4 状态与故障诊断中心

针对智能化GIS设备的故障诊断，由低到高建立了三级数据融合模型。实现融合的过程包括对传感器获取的原始数据进行数据融合、数据预处理、特征值提出、特征级融合、决策级融合、结果输出等环节。融合过程可以进行三级融合，图4-15为三级数据融合过程示意图。数据融合有以下几个步骤：

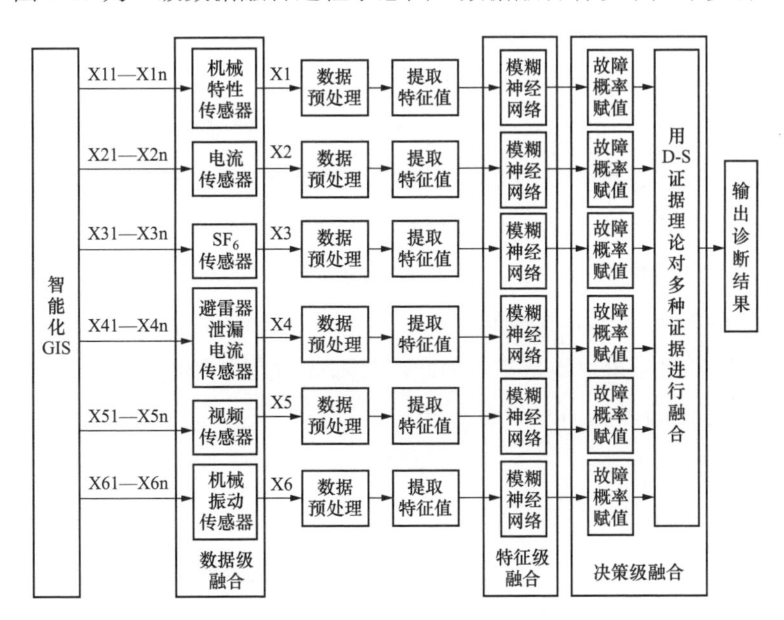

图4-15 三级数据融合过程示意

1）对同类型传感器获得的原始信号进行数据级融合，主要包括机械特性传感器、电流传感器、SF_6传感器、避雷器泄漏电流传感器、机械振动传感器和视频传感器等。融合出同类型数据的最优值。

2）对数据级融合的信号进一步进行预处理，尽最大可能地去除噪声和干扰信号，各种传感器处于高电压大电流的强电磁干扰环境中，特别是在开关操作过程中产生的快速暂态过电压（VFTO）和其他过电压的影响。

3）提出特征值，对来自传感器的原始信息进行特征值提取，特征值是被测对象的物理量。

4）将各个特征值送入模糊神经网络等进行进一步故障判断。

5）将各个模糊神经网络等输出的隶属度值分别输入 D-S 证据理论诊断系统，进行最后的决策级融合，输出故障诊断结果。

4.7 典型缺陷案例

4.7.1 概况

2015 年 8 月，广州供电局电力试验研究院状态监测中心后台显示：天河站 220kV GIS 2 号变压器高压侧间隔 C 相超高频（UHF）监测信号发展趋势异常，放电幅值达到 900～1000mV 且近期告警频次有所增加。如图 4-16 所示，日平均告警次数由 2015 年 8 月的 600 次左右，发展到了 2015 年 11 月的 900 次左右。2015 年 6 月，广州供电局电力试验研究院曾在天河变电站发现并确认 220kV 天鹿线间隔 1M 母线筒 A 相绝缘支柱与母线筒固定位置螺丝脱落和松动引发的悬浮类型局部放电缺陷。天河变电站 220kV GIS 2 号变压器高压侧间隔 A、B 两相 UHF 监测信号未发现异常。为此，我院认为此次天河变电站 220kV GIS 2 号变压器高压侧间隔 C 相 UHF 监测信号异常须引起高度重视，应立即进站开展复查。

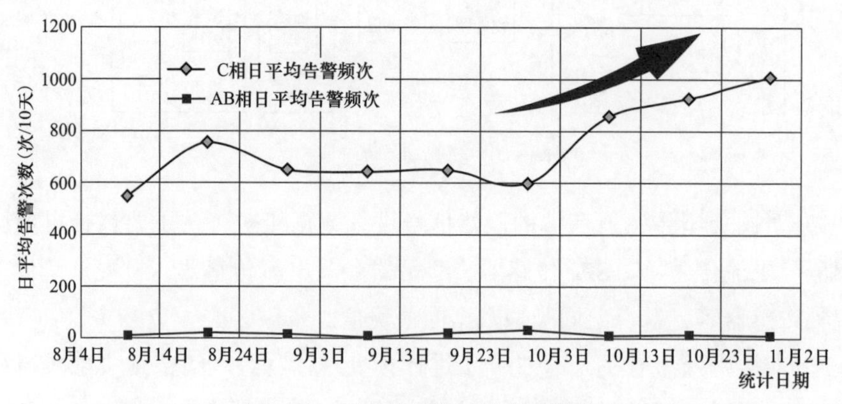

图 4-16　日平均告警次数变化趋势

4.7.2 带电测试

1．工作思路

此次 GIS 现场局部放电带电排查工作主要分成四个阶段逐步开展；第一阶段，采用不同厂家的 UHF 局部放电检测技术对现场在线监测信号异常位置进行核实；第二阶段，采用基于 UHF 局部放电检测技术的环绕法或者基于 SHF 局部放电检测技术（射频天线）对信号来源进行分析，初步确定信号是由于空间干扰所致或者变压器传导所致，还是来源于 GIS 设备内部；第三阶段，采用 UHF 时差法对局部放电源进行定位；第四阶段，结合设备内部部件及放电类型，采用 X 光探测，检查可疑位置的隐患形貌特征，并同步观测 UHF 局部放电特征的变化。最后，根据综合分析结果，给出设备重点检修范围与建议，以具体指导运维工作。现场检测工作主要流程及节点如图 4-17 所示。

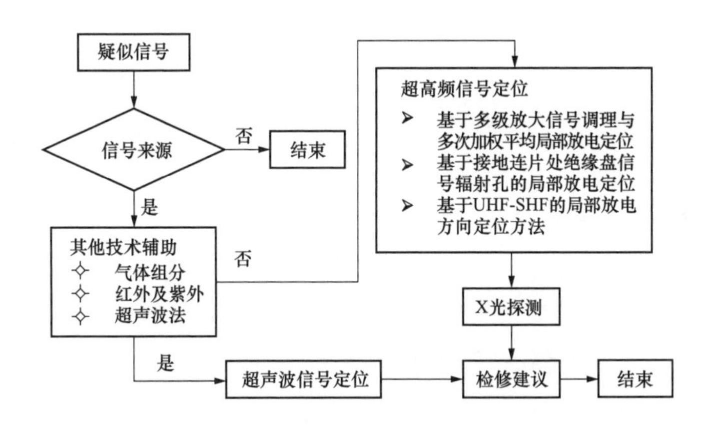

图 4-17 现场检测工作思路

2．异常现象核查

2015 年 10 月 20 日，对天河变电站 220kV GIS 2 号变压器高压侧间隔开展 UHF 带电测试。由于 UHF 在线监测采用的是北京领翼研制的 UHF 检波技术，其采样率较低且只能分辨脉冲信号的包络线。为此，此次天河变电站 220kV GIS 2 号变压器高压侧间隔采用了 DMS 的 UHF 带电测试技术，其频带范围 300MHz～1.5GHz。采样率保持高速，能够保证足够精度。该间隔测试点共 12 个（每相有 A、B、C、D 等 4 个盆式绝缘子作为可测点），如图 4-18 所示。

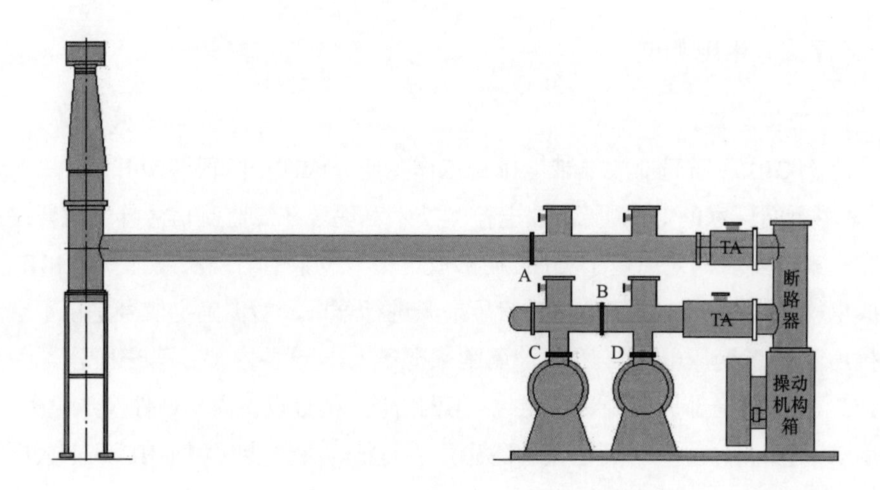

图 4-18　220kV GIS 2 号变压器高压侧间隔示意图

根据图 4-19 DMS 的 UHF 带电测试结果，发现天河站 220kV GIS 2 号变压器高压侧间隔共 12 个测量点中，只有 220kV GIS 2 号变压器高压侧间隔 C 相的测量点 A 采集到明显具有相位特征的疑似信号，而其他 11 个测量点未见异常信号。需要注意的是，在线监测与带电测试的技术供应商是不同的，其传感器及放大器增益存在差异，因此两者检测到的信号幅值并不具有可比性，而两者的相位特征图谱 PRPD 是否一致更具有比较意义。图 4-20 测量点 A 在线监测的 PRPD 图谱，结果表明，现场带电测试的结果与在线监测的结果是一致的，即 220kV GIS 2 号变压器高压侧间隔 C 相测量点 A 位置确实存在需要引起注意的异常信号，且应立即对信号来源进行判别。

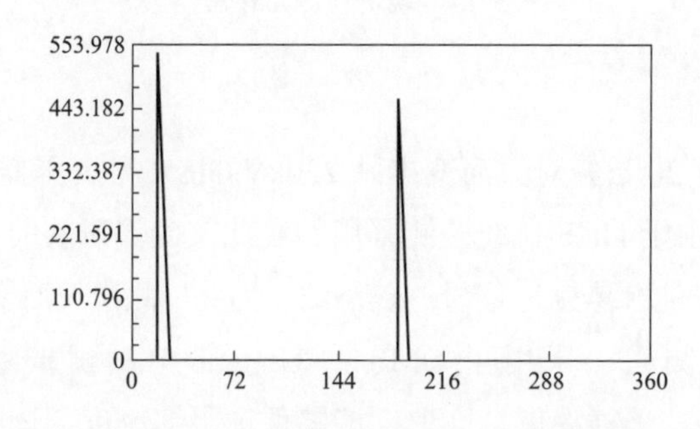

图 4-19　测量点 A 在线监测的 PRPD 图谱

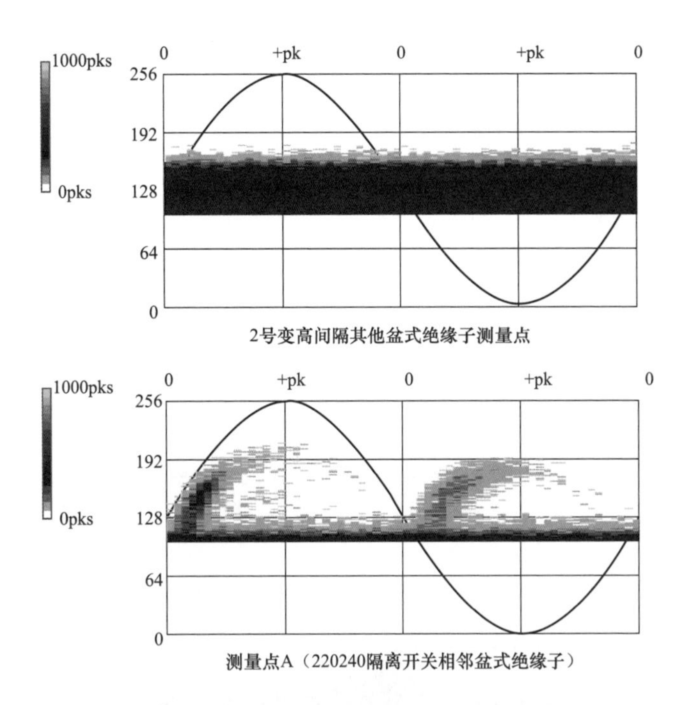

2号变高间隔其他盆式绝缘子测量点

测量点A（220240隔离开关相邻盆式绝缘子）

图 4-20 DMS UHF 带电测试 PRPD 图谱

3．信号来源判断

根据天河变电站 220kV GIS 2 号变压器高压侧间隔 C 相的带电测试结果可知：因仅在测量点 A 检测到了明显信号，而其他测量点 B、C、D 未测到同类信号。可以初步判断信号从母线侧传递过来的可能性较小。需要进一步辨析的是，测量点 A 获得的信号是来源于变压器方向，还是从测量点 A 位置空间辐射进入的信号。为此，采用远离法来判别测量点 A 获得的信号是内部源还是空间源。

首先，将 DMS UHF 传感器依次放置在点 1、点 2 及点 3，分别记录在上述位置测量到的信号幅值水平，并将在点 1 位置的信号幅值水平记录为 1，如图 4-21（a）所示。结果可知：在上述 3 个位置测到的信号相位特征相同，但是幅值依次减小。相比于点 1、点 2 及点 3 的信号幅值水平分别只有其 30%及 10%，如图 4-21（b）和图 4-22 所示。即传感器距离盆式绝缘子越远，测量到的信号衰减也越快。此外，将传感器天线接受方向背对盆式绝缘子时，之前检测到的信号立即消失。上述结果均表明，测量点 A 获得的信号属于内部源。

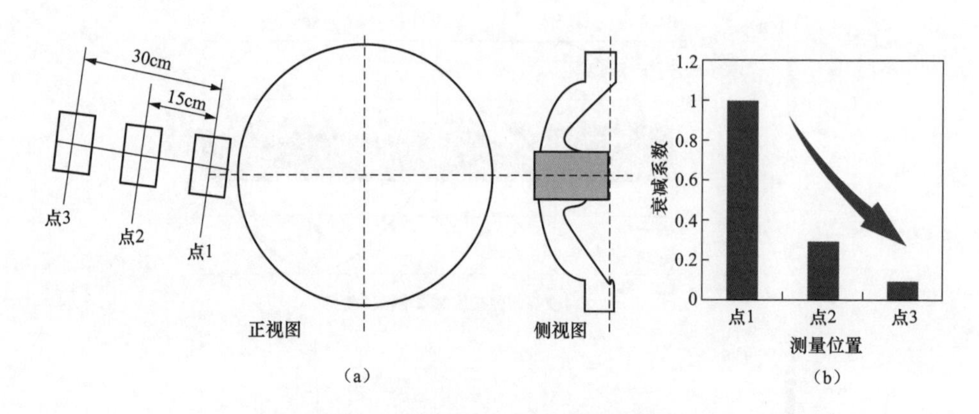

图 4-21　远离法测试示意图及衰减特性

（a）远离法测试；（b）衰减特性

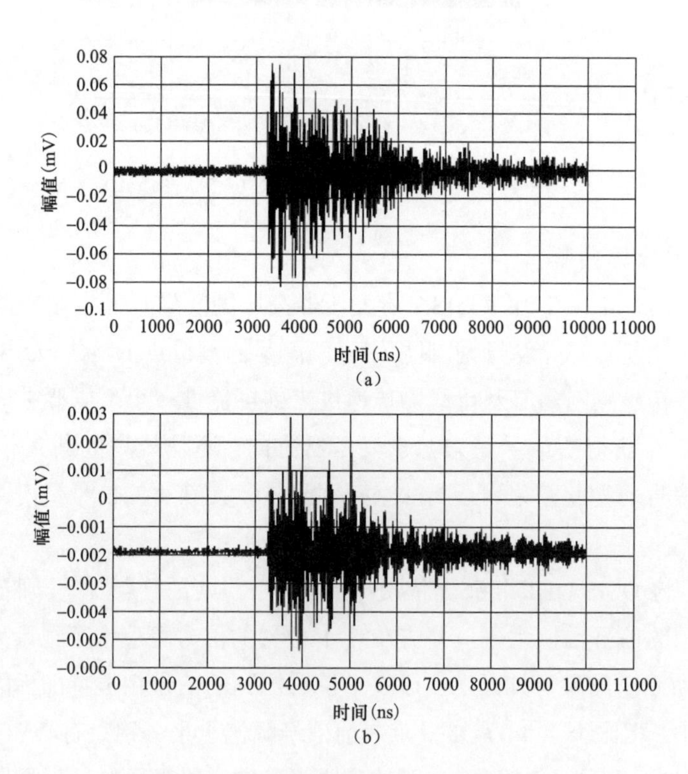

图 4-22　点 1 和点 3 位置的信号特征（一）

（a）点 1 时域信号；（b）点 3 时域信号

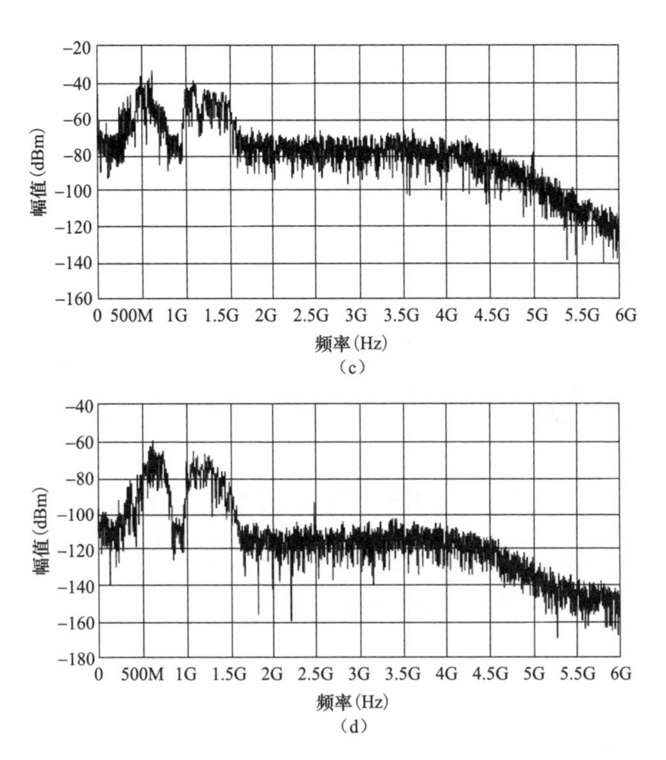

图 4-22 点 1 和点 3 位置的信号特征（二）

（c）点 1 频域图谱；（d）点 3 频域图谱

其次，需要进一步判断测量点 A 获得的信号是发生于 GIS 内部，还是由于变压器方向传导过来的。为此，现场采取了三种排查方案：第一，采用红外带电测试及超声波带电测试，以检测两侧套管是否存在运行隐患；第二，在 2 号变压器高压侧 GIS 套管和变压器变高套管之间布置基于 UHF-SHF 的局部放电方向检测与定位天线阵列，以检测两侧套管表面或内部是否存在放电隐患；第三，在 2 号变压器高压侧 GIS 间隔 C 相的套管底座以及 220240 接地开关相邻的盆式绝缘子位置（测量点 A），分别布置耦合电容，并通过 HFCT 检测两个位置的信号特征及大小，以进一步判断是否是变压器传导干扰。内部源属性现场排查方案的 UHF-SHF 传感器和 HFCT 传感器布置如图 4-23 所示。

采用红外带电测试对 GIS 及变压器组件进行检查，未发现局部温度异常现象。采用超声波带电测试对 2 号变压器高压侧间隔周边区域进行检查，未发现超声异常现象。在 2 号主变压器与 2 号变压器高压侧 GIS 间隔之间通道上，布

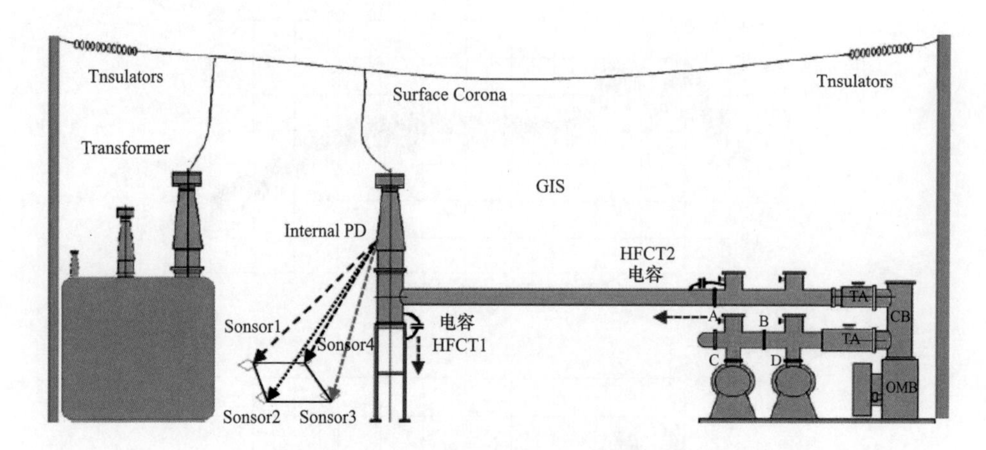

图 4-23　内部源属性排查方案示意图

置基于 UHF-SHF 的局部放电方向检测与定位 4 个天线阵列。该天线由华北电力大学研制，专门用于针对性检测套管及互感器设备的内部局部放电缺陷。该系统包含 4 只等角螺旋天线、4 根信号电缆、宽频放大器和力科高速示波器（20GSa/s、DC-4GHz），实际有效监测频带为 1～3GHz。由于检测频带高，可有效避开空间电晕干扰信号。基于 UHF-SHF 天线阵列的局部放电方向现场检测与定位结果表明：GIS 套管侧存在微弱局部放电信号，但无法实现精确定位，而变压器套管并未检测到任何疑似信号。如果是变压器侧的信号，那么变压器套管侧检测到的信号要强于 GIS 套管侧。因此，通过该方法可证明：盆式绝缘子（测量点 A）处获得的内部源并不是变压器方向传导过来的，而很可能就是发生于 GIS 内部。

此外，为对上述初步判断结论作进一步的确认，现场还首次采用了 Tec hemp 高频脉冲电流法。通过在图中套管法兰与底座位置以及盆式绝缘子位置布置两个高频耦合电容，并在耦合电容回路各穿入 1 个 HFCT 传感器。通过 2 个 HFCT 传感器测量点所获得信号的幅值大小来判断信号是来源于 GIS 套管还是 GIS 筒内其他位置。

根据上图中特印谱脉冲电流法测得的数据可知：对位于盆式绝缘子处的 HFCT2，如图 4-24（a）、（b），其局部放电相位特征 PRPD 图谱具有 180°相位特征、单个脉冲幅值可达 180mV、主频率较高达 20M～35MHz，经过模式识别为 100%内部放电信号；对于位于 GIS 套管底座的 HFCT1［如图 4-24（c）、（d）］，

其获得的信号可以分成蓝色和红色两类。蓝色簇信号对应的PRPD图谱，经过模式识别为外部电晕信号。而红色簇信号对应的PRPD图谱，其局部放电相位特征PRPD图谱具有180°相位特征、单个脉冲幅值可达85mV、主频率达20M～23MHz，经过识别也为内部放电信号。

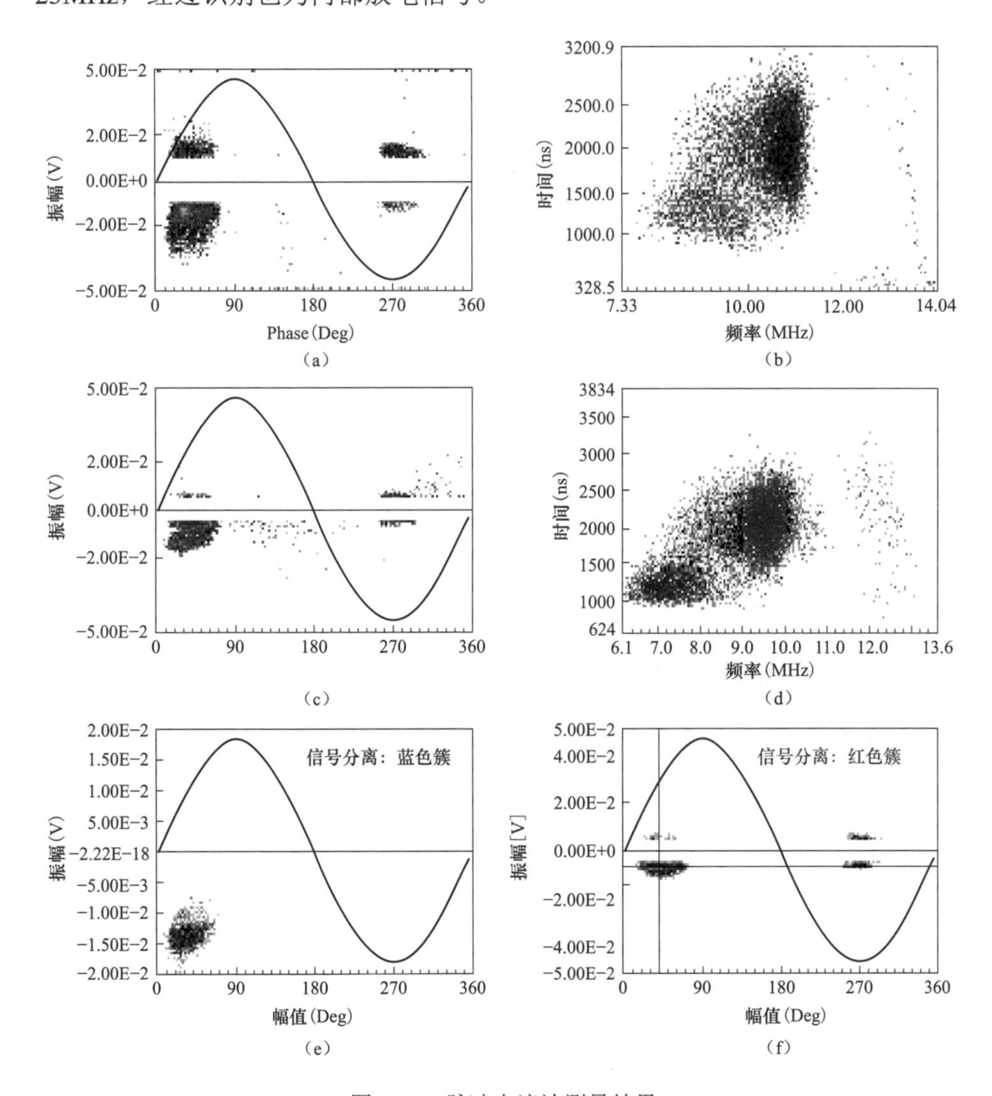

图4-24　脉冲电流法测量结果

(a) HFCT 2 PRPD图谱；(b) HFCT 2等效时频图谱；(c) HFCT 1 PRPD图谱；
(d) HFCT 1等效时频图谱；(e) HFCT 1蓝色簇的PRPD图谱；(f) HFCT 1红色簇的PRPD图谱

对比位于盆式绝缘子处的HFCT2和位于GIS套管底座的HFCT1的红色簇信号，可以看出：HFCT2 获得信号其单个脉冲幅值可达 180mV、主频率较高达 20M～35MHz，而 HFCT1 其单个脉冲幅值可达 85mV、主频率达 20M～23MHz。两者PRPD图谱、单个脉冲电流波形具有相似性，HFCT2的信号要强于HFCT1，该结果也进一步表明：盆式绝缘子（测量点A）处获得的内部源并不是变压器方向传导过来的，而很可能就是发生于GIS内部。

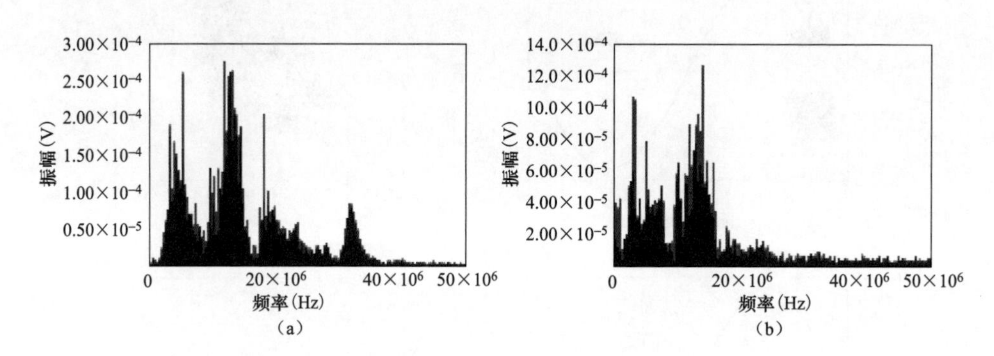

图4-25　HFCT1和HFCT2两个位置的脉冲电流波形频率特征

（a）HFCT 2；（b）HFCR 1 红色谱

4．其他技术检测

采用Ultra 9000超声测试仪以及PD 208便携式超声测试仪对2号变压器高压侧间隔进行检测未发现异常。对220kV 2号变压器高压侧间隔母线分支套管、隔离开关、断路器等气室进行湿度及组分带电测试，结果未见异常，且数值与最近一次并无显著变化。

5．局部放电定位

根据前述摸查结果，可初步确定局部放电信号来源于2号变压器高压侧间隔C相GIS筒内。但是之前采用的是传统便携式UHF检测方法，该方法仅在测量点A检测到了信号，而其他点并未检测到信号。根据时差法定位原理，只有1个点的信号是不够的。这给实现现场精确定位带来的困难，也意味着检修范围将全面覆盖2号变压器高压侧间隔C相，而这不利于快速找准问题、在最短时间内复电。为针对性解决上述问题、尽量缩小检修范围，现场测试人员突破传统UHF局部放电检测方法，首次尝试采用基于多级放大信号调理与多次

加权平均的 UHF 局部放电检测、基于接地连片处绝缘盘信号辐射孔的局部放电检测以及基于 UHF-SHF 局部放电方向检测等 3 种新型局部放电检测与定位方法。

为实现上述方法，现场综合采用了以下几种高技术装备：Lercoy 高速示波器（20GSa/s、DC-4GHz）、多级放大信号调理单元（300M～1500MHz；2G 手机频段做滤波处理和保相位等长同轴电缆（DC-18GHz）。

（1）基于多级放大信号调理与多次加权平均的 UHF 局部放电时差定位方法。如图 4-26 所示，由于 B、E 处的 UHF 信号幅值普遍较小，在采集过程中使用了 1000 次采集求平均波形的方法，以提高信噪比。但是，多次平均的方法也会造成 UHF 信号的波头被削弱，从而给时延读取带来较大的波动。此外，示波器的最小物理量程为 5mV/格，测量 B、E 处的微小信号时，采集的精度也难以保证，同样会造成一定的误差。因此，现场对每一个测量点都采集了 5 组波形数据，使用平均值来尽量减小上述因素的影响。

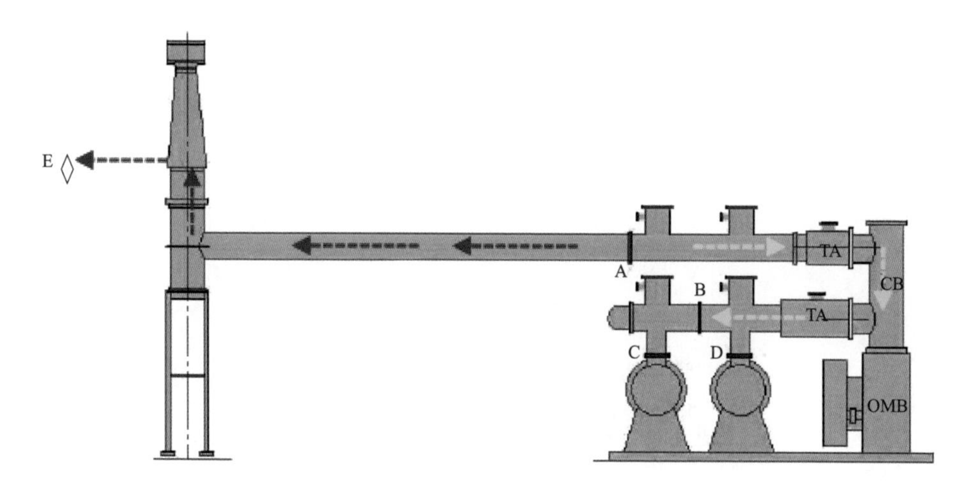

图 4-26　A、B、E 三点时差法定位示意图

首先，采用 DMS UHF 传感器和华北电力大学 UHF 放大器，同时测量 A 位置和 B 位置信号，通过读取两者的时间差来实现位置判断。其中，B 位置为 M1 和 M6 两条母线之间间隔气室盆式绝缘子，将 DMS 传感器贴在盆式绝缘子上没有屏蔽带的部分，测量到的信号如图 4-27 所示。

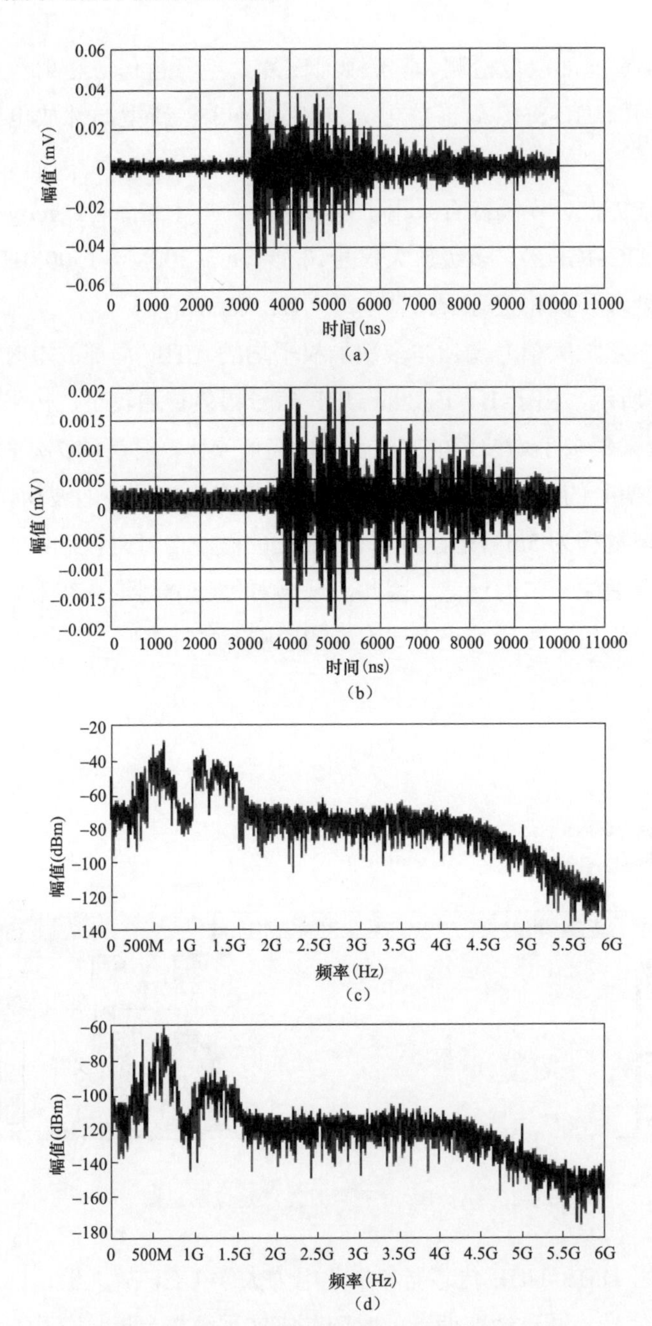

图 4-27 A 位置与 B 位置的信号特征及时间差分析（一）

（a）A 位置盆式绝缘子处参考 DMS 传感器信号；（b）B 位置盆式绝缘子处 DMS 传感器信号；

（c）A 位置 DMS 传感器信号 FFT；（d）B 位置 DMS 传感器信号 FFT

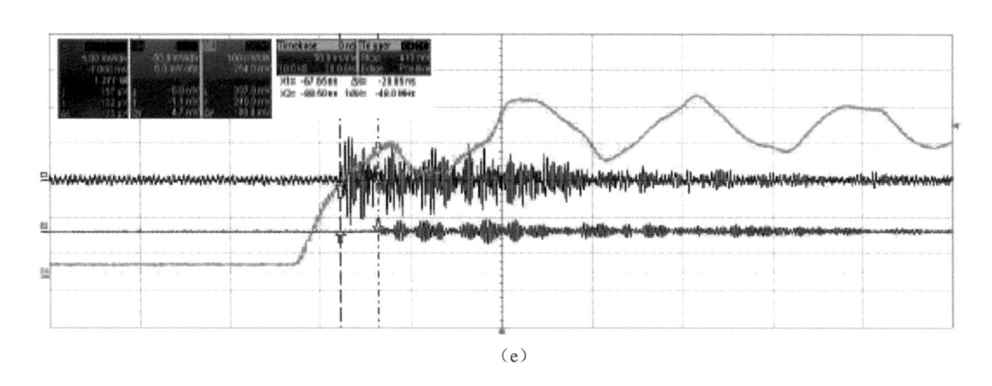

（e）

图 4-27　A 位置与 B 位置的信号特征及时间差分析（二）

（e）示波器实测信号截图

【图中：C2-红-B 位置；C3-蓝-A 位置；C4-绿-A 位置（在线监测检波）】

B 位置盆式绝缘子 DMS 传感器信号经过 1277 次平均后，可以与背景信号区分开。该信号幅值最小，从示波器上读取峰峰值约为 3mV，从频谱分析的结果来看，其能量比盆式绝缘子处传感器小约–30dB，从示波器读取其中的 1 组时延差，A 位置盆式绝缘子信号领先约 20.85ns。

其次，采用 DMS UHF 传感器和华北电力大学 UHF 放大器，同时测量 A 位置和 E 位置信号，通过读取两者的时间差来实现位置判断。其中，E 位置距离套管 1m 左右的空间位置，测量到的信号如图 4-28 所示。

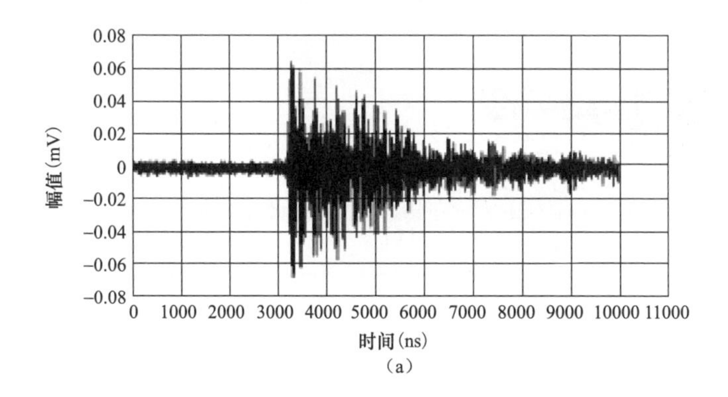

（a）

图 4-28　A 位置与 E 位置的信号特征及时差分析（一）

（a）A 位置 DMS 传感器信号

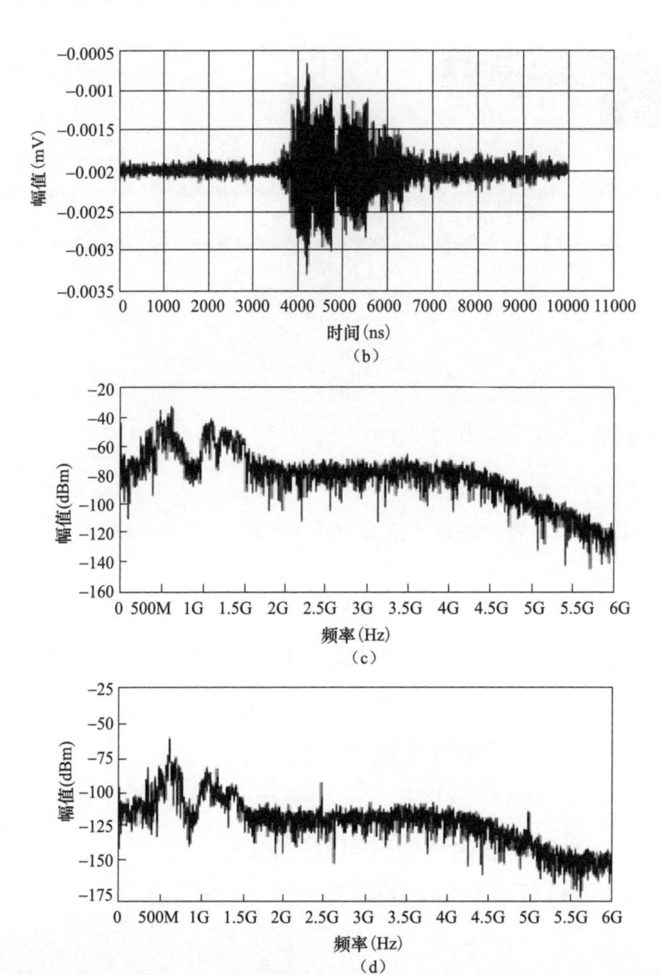

（b）

（c）

（d）

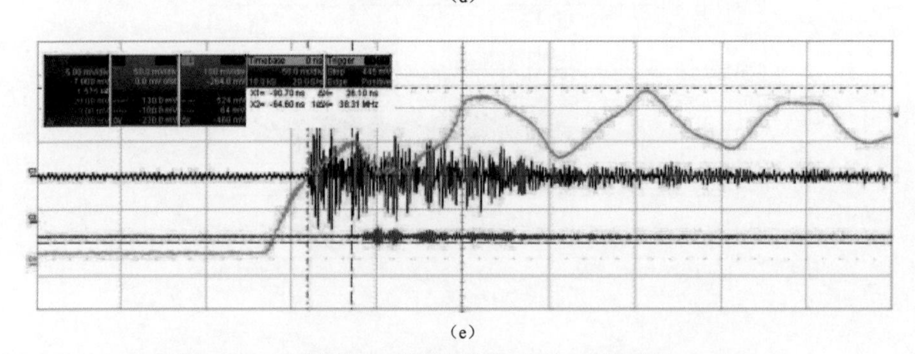

（e）

图 4-28　A 位置与 E 位置的信号特征及时差分析（二）

（b）E 位置套管中下部 DMS 传感器信号；（c）A 位置 DMS 传感器信号 FFT；
（d）E 位置套管中下部 DMS 传感器信号 FFT；（e）示波器实测信号截图
【图中：C2-红-E 位置；C3-蓝-A 位置；C4-绿-B 位置（在线监测检波）】

E位置套管中下部DMS传感器信号经过1575次平均后，可以与背景信号区分开。该信号幅值很小，从示波器上读取峰峰值约为2mV，从频谱分析的结果来看，其能量比盆子处传感器小约−35dB，从示波器读取其中的1组时延差，约为26.1ns。

第三，每个测量点读取5组时间差，并求取误差范围。

表4-10　　B位置、E位置与A位置的时间差

位置	第1组	第2组	第3组	第4组	第5组	峰峰值	能量衰减	平均时差	距离差
B位置	20.20ns	19.65ns	19.35ns	22.50ns	21.10ns	约3mV	−30dB	20.56ns	6.17m
E位置	21.00ns	26.35ns	22.95ns	28.80ns	25.35ns	约2mV	−35dB	24.89ns	7.47m

根据表4-10所示，A位置与B位置之间平均时间差20.56ns，且B位置信号滞后于A位置。信号在GIS传播速度取光速，得出A位置与B位置之间对应的平均距离差6.17±0.6m。经实测A位置与B位置之间距离6.14m。A位置与E位置之间平均时间差24.89ns，且E位置信号滞后于A位置。信号在GIS传播速度取光速，得出A位置与E位置之间对应的平均距离差7.47±1.2m。经实测A位置与E位置之间距离7.14m。

综上，天河变电站220kV GIS 2号变压器高压侧间隔C相内部局部放电位置可能存在220240接地开关相邻的盆式绝缘子位置前后1m左右范围之内。如下图空色虚框中所示，范围涵盖了22024隔离开关、220240接地开关及部分母线分支筒。

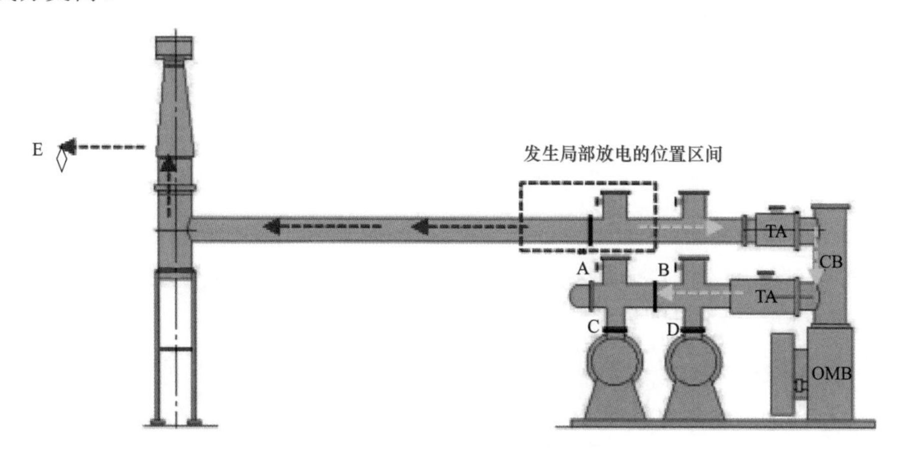

图4-29　发生局部放电的位置范围区间

（2）基于接地连片处绝缘盘信号辐射孔的局部放电时差定位方法。为进一步缩小检修范围，现场首次提出：在 22024 隔离开关侧的 TA 二次端子环氧盘位置作为补充测量点（如图 4-4 中 K 位置，如图 4-4 左图箭头所指位置）。若使用该种方案，需要运行中解开该 TA 二次端子封盖，然后将 UHF 传感器放置于该位置（中间放置一环氧薄板）进行非接触式测量。该位置环氧盘直径大，信号从内部辐射出来的能量强、信号衰减小，且与测量点 A 处于同轴测量面、定位误差小，是进行补充测量、实现精确定位的良好选择。但是，变电运行专业认为：天河站为广州中部电网重要变电站，运行中解开 TA 二次端子封盖会面临较大的运行风险，不赞同上述补充测量方案。

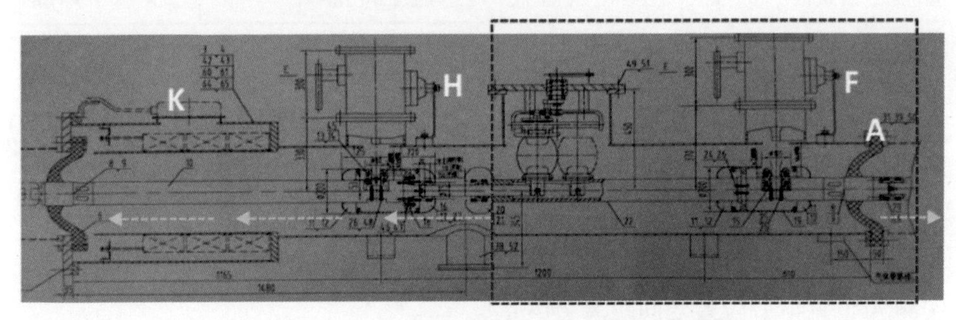

图 4-30　补充测量备选方案传感器布点示意图

为尽量缩小检修范围，或者为检修提供更加详细的检查指导意见，现场再次提出补充测量的备选方案：基于接地连片处绝缘盘信号辐射孔的局部放电时差定位方法。根据该厂家型号 GIS 结构特点，22024 隔离开关两侧的接地刀闸 220240、2202B0 接地杆采取外部接地连片的方式引出接地，而在引出口使用环氧绝缘盘与筒绝缘。所以，UHF 信号可能从该位置辐射出来，并且通过 UHF 外部传感器检测到，如上图中的 F 位置。对该补充测量的备选方案，由于 220240、2202B0 接地刀闸筒径要小于 22024 隔离开关筒径，其对信号的传播特性影响尚未有研究。且 220240、2202B0 接地刀闸位置的绝缘盘上有 6 颗固定螺栓，DMS UHF 检测传感器不能够与绝缘盘紧密贴合、留有间隙，很可能会影响到测量与定位结果。

采用 DMS UHF 传感器和华北电力大学 UHF 放大器，同时测量 A 位置和 F 位置信号，通过读取两者的时间差来实现位置判断。其中，F 位置距离 A 位置 57cm 左右，测量到的信号如图 4-31 所示。

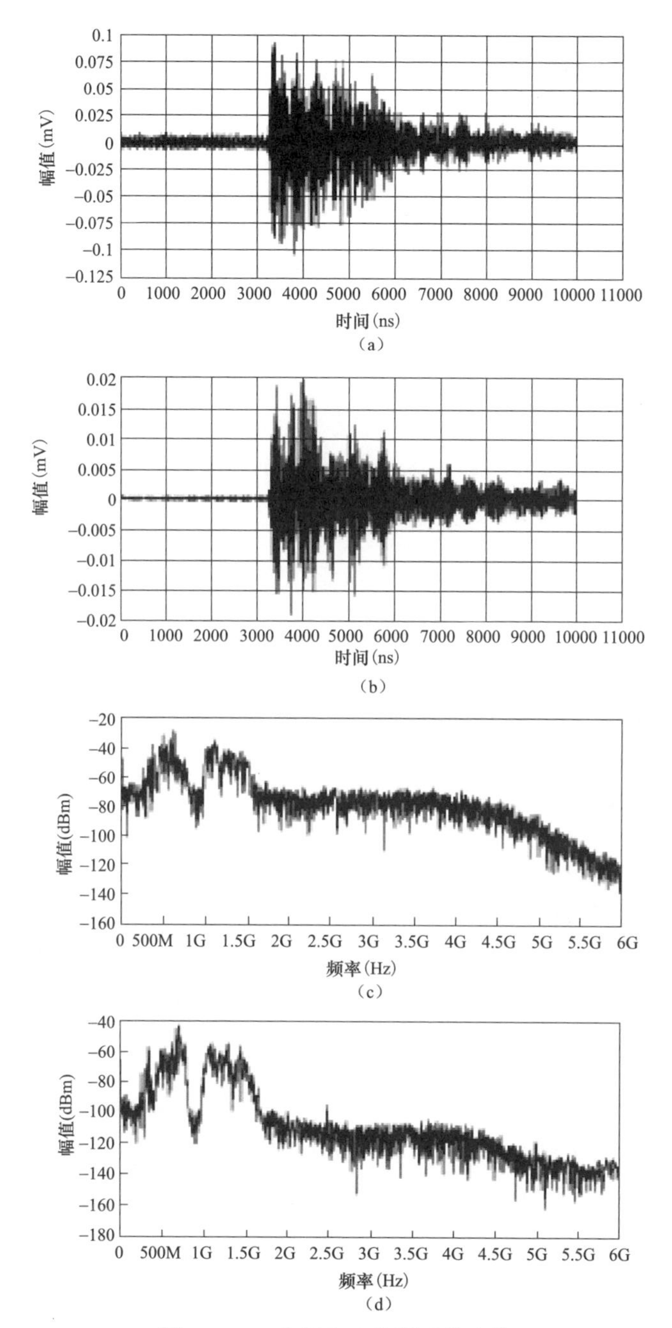

图4-31 A位置和F位置时差定位(一)

(a)A位置传感器信号;(b)F位置传感器信号;(c)A位置传感器信号FFT;

(d)F位置传感器信号FFT

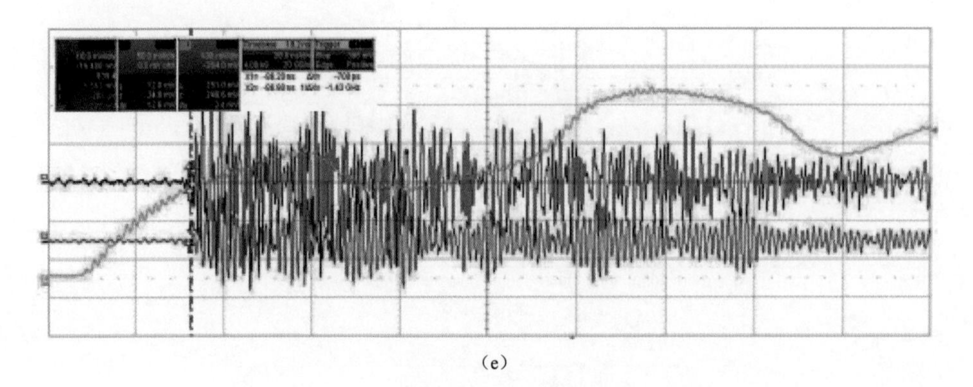

（e）

图 4-31　A 位置和 F 位置时差定位（二）

（e）示波器实测信号截图

［图中：C2-红-F 位置；C3-蓝-A 位置；C4-绿-A 位置（在线监测检波）］

测量点 F 位置（220240 接地刀闸绝缘盘位置）采集到的信号经过 839 次平均后，可以与背景信号区分开。该信号幅值较大，从示波器上读取峰峰值约为 25mV，从频谱分析的结果来看，其能量比盆子处传感器小约–10dB，从示波器读取其中的 1 组时延差，几乎同时到达。读取 5 组样本数据，时间差范围从–0.45ns～–0.95ns，平均时间差–0.7ns。可求得距离差 21cm±10cm。但是，由于接地刀闸内部结构及尺寸的不同，局部放电信号的传播特性较直线筒（或者等径结构）复杂，按照直线法获得的时间差、距离差未必适用于该种结构。为此，还需要结合不同测量位置所检测到的信号幅值来综合分析判断。测量点 A 检测到的幅值要明显强于测量点 F。综上，结合 F 位置距离 A 位置 57cm 左右，判断该信号发生位置可能在 22024 隔离开关和 220240 接地刀闸（含相邻的盆式绝缘子）区域。

（3）基于 UHF-SHF 的局部放电方向定位方法。为给开盖检查时提供检修建议，现场首次尝试了基于 UHF-SHF 的局部放电方向检测与定位方法。基于 UHF-SHF 的局部放电方向检测与定位的基本判断依据是：将该系统中 4 个 UHF-SHF 传感器沿着盆式绝缘子圆周等距离布置，若局部放电来源于导体同轴方向，那么 4 个天线阵列的时间差将接近 0，若局部放电并非来源于导体同轴方向，则放电源越偏离同轴方向、放电源越近其中某个天线，4 个天线阵列的时间差将越明显。同样，该方法的精度取决于传感器以及示波器采样速率。4 个天线阵列传感器布置示意图如图 4-32 所示。

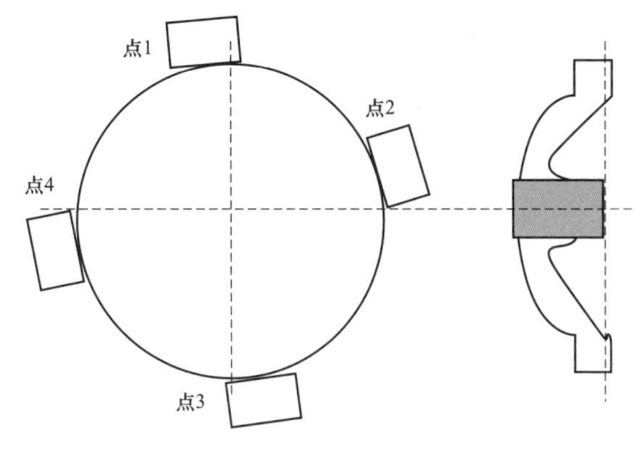

图4-32 4个天线阵列传感器布置示意图

为实现上述方法，现场综合采用了以下几种高技术装备：基于UHF-SHF的局部放电方向检测天线阵列。该天线由华北电力大学研制，专门用于针对性检测套管及互感器设备的内部局部放电缺陷。该系统包含4只等角螺旋天线、4根信号电缆、自主研制的多级放大信号调理单元（300M～1500MHz；2G手机频段做滤波处理）和保相位等长同轴电缆（DC-18GHz）和Lercoy高速示波器（20GSa/s、DC-4GHz），实际有效监测频带为1～3GHz。由于检测频带高，可有效避开空间电晕干扰信号。

根据检测结果：点1最先检测到信号，点4几乎与点1同时到达。

点2紧接在点4之后，而检测点3最后才到达。但是，4个天线阵列的最大时间差不超过0.3ns。综上，根据基于UHF-SHF的局部放电方向定位结果可知：该放电源距离盆式绝缘子较近，或者在距离盆式绝缘子较远的非轴心位置。即22024隔离开关传动绝缘子、220240接地开关（含相邻的盆式绝缘子以及C相母线分支筒隔离开关侧的支撑绝缘子区域。

6．局部放电类型

为给检修专业查找隐患，以及后续缺陷分析提供参考，现场对采集到的局部放电信号进行了放电类型识别。其中，北京领翼UHF在线监测的放电类型识别结果为：气泡放电可能性为45%，悬浮放电可能性为35%，自由金属颗粒放电可能性为20%。DMS UHF带电测试的放电类型识别结果为：气体间隙放电和气泡放电的可能性较大。将现场实测图谱与典型缺陷图谱进行比对，结果如图4-33所示，结果表明，实测图谱与固体环氧材料内部存在气泡时的PRPD图谱比较接近。

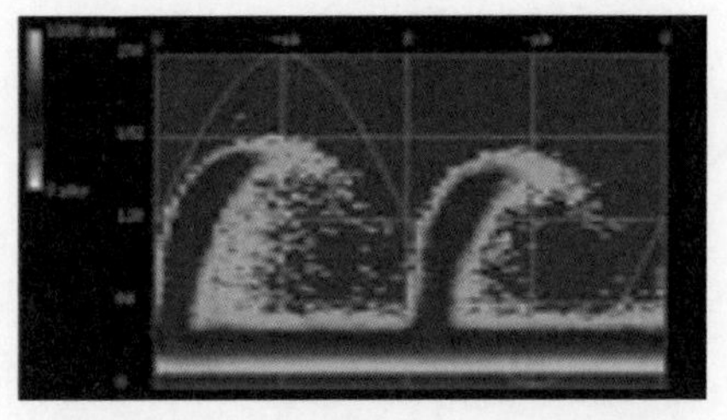

现场测到的GIS盆式绝缘子位置的PRPD图谱

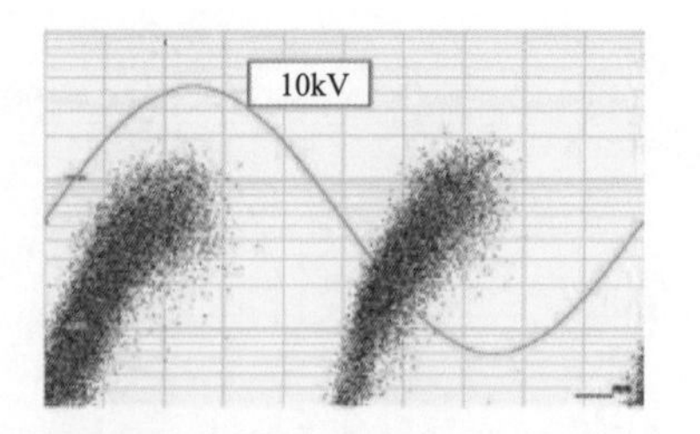

固体环氧材料内部存在气泡时的PRPD图谱

图 4-33 实测图谱与典型图谱对比

现场通过灵活采用基于多级放大信号调理与多次加权平均的 UHF 局部放电检测、基于接地连片处绝缘盘信号辐射孔的局部放电检测以及基于 UHF-SHF 的局部放电方向检测等 3 种新型局部放电检测与定位方法，给出了检修范围及指导建议，需要停电检查的范围为天河站 220kV 2 号变压器高压侧 GIS 间隔 C 相 22024 隔离开关气室及母线分支筒，而重点检查的 GIS 部件主要包括：①220240 接地开关（含相邻的盆式绝缘子）；②22024 隔离开关传动绝缘子；③C 相母线分支筒隔离开关侧的支撑绝缘子区域。可能的局部放电缺陷类型为气体间隙或者固体绝缘材料内部的气泡放电。经综合评估，该隐患属于紧急缺陷，需要停电检查立即处理。

4.7.3 停电检查

1. 停运后在线监测

2015 年 10 月 27 日 16:00，天河站 220kV 2 号变压器高压侧 GIS 间隔申请转检修。当日约 18:00，天河变电站 220kV 2 号变压器高压侧 GIS 间隔处于检修状态。期间，天河站 220kV 2 号变压器高压侧 GIS 间隔 UHF 在线监测显示：C 相之前一直存在局部放电信号在该间隔转检修后已消失，检测到的主要是白噪声干扰。如图 4-44 所示。

2. 查发现的现象

2015 年 10 月 28 日～11 月 2 日，对天河变电站 220kV 2 号变压器高压侧 GIS 间隔 C 相进行了开盖检查。试验人员采用内窥镜对 22024 隔离开关的传动绝缘子、静触头、筒内壁，220240 接地开关相邻的盆式绝缘子进行了外观检查，以及母线分支筒内的支撑绝缘子、筒内壁进行检查，结果如图 4-35、图 4-36 所示。

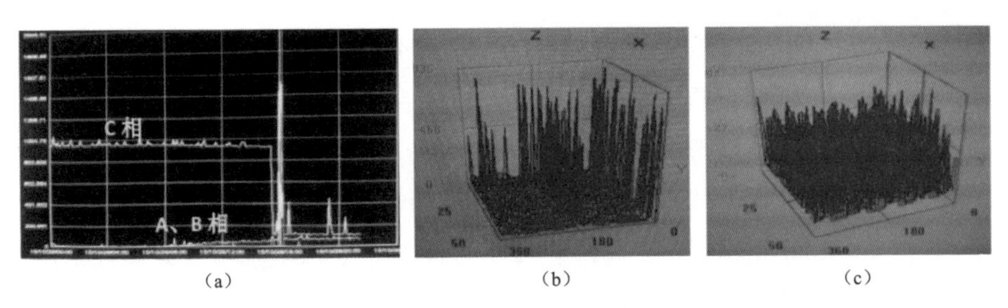

（a） （b） （c）

图4-34 2号变压器高压侧GIS间隔UHF变化趋势

（a）在线监测转检修前后；（b）转检修前；（c）转检修后

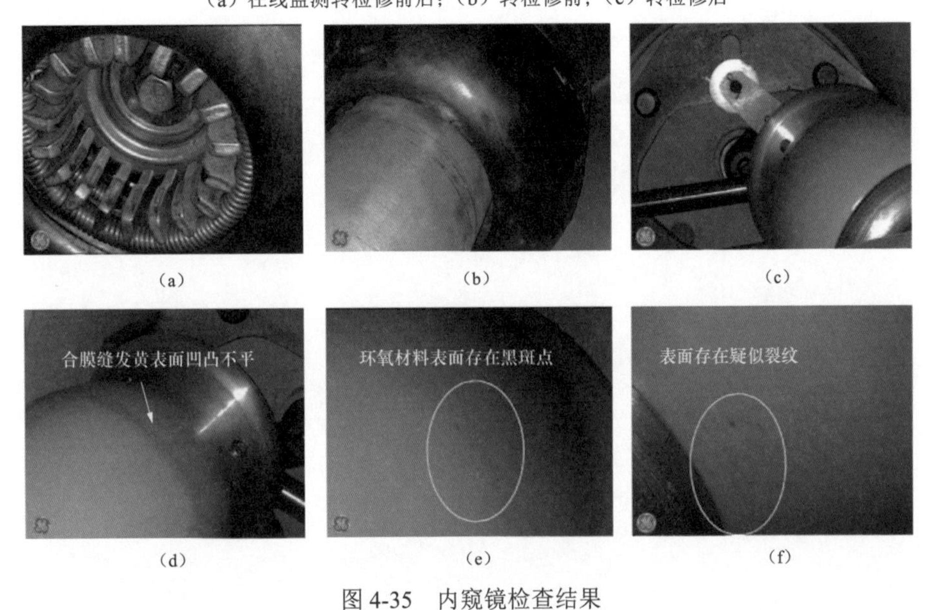

（a） （b） （c）

（d） （e） （f）

图4-35 内窥镜检查结果

（a）22024隔离开关静触头；（b）静触头外观；（c）22024传动绝缘子；（d）传动绝缘子合膜缝；（e）传动绝缘子表面；（f）盆式绝缘子表面

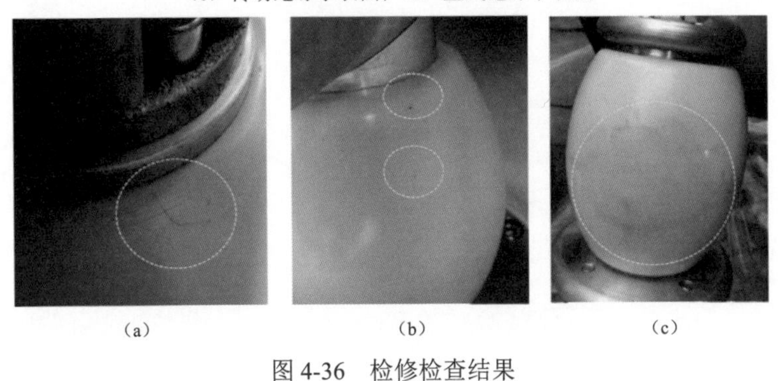

（a） （b） （c）

图4-36 检修检查结果

（a）盆式绝缘子；（b）支撑绝缘子；（c）传动绝缘子

2015 年 11 月 3～5 日，现场完成 22024 隔离开关传动部分的器件及 220240 接地开关导体、静触头的检查工作，未发现拨叉弹簧、万象轴承、螺丝等器件存在放电痕迹。外观检查主要发现的问题包括：①盆式绝缘子刀闸侧近导体存在 2～3cm 的疑似裂纹；②22024 隔离开关传动绝缘子合膜缝位置发黄、局部凹凸不平现象；③盆式绝缘子、传动绝缘子以及 2 个支撑绝缘子表面均或多或少存在黑色斑点。上述现象与内窥镜发现的问题一致，现场对盆式绝缘子、传动绝缘子 2 个支撑绝缘子，以及 220240 接地开关的静触头全部进行更换。

5 基于电磁波谱法的高压设备带电检测与故障诊断技术

5.1 基于电磁波谱法的带电检测技术原理

局部放电是绝缘劣化的主要原因及表现形式，对其进行检测已成为评估电力设备绝缘状态的有效方法。变电站中高压设备出现局部放电时，伴随产生的特高频（UHF）电磁波信号可通过没有金属屏蔽效果的介质向设备外部辐射，从而可以利用外置 UHF 天线来检测局部放电。

基于电磁波谱法的局部放电检测的方法如图 5-1 所示。电力设备局部放电产生电磁波，UHF 天线作为接收天线被动接收电磁波经示波器或高速采集设备记录。整个检测过程分为电磁波的空间传播、信号接收、信号输出三个部分。由源、空间传播、接收天线以及相关信号匹配传输电路构成一个完整的信号传输系统。

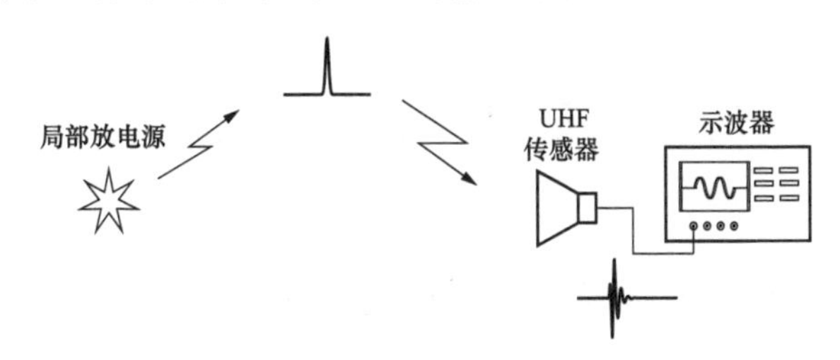

图 5-1　基于电磁波谱法的局部放电检测原理图

5.1.1 局部放电电磁波辐射模型

电气设备局部放电辐射电磁波包含有很多不同频率的分量，但如在不考虑其金属外壳屏蔽作用的前提下分析每一个单一频率分量，则其辐射特性都可用一个等效振子天线和一个环形天线构成的复合天线模型来分析。其中，可以放电间隙长度作为等效振子长度，而放电回路面积可视为与环形天线面积相等。

对不同波长的辐射电磁波分量可以考虑分别应用“振子—小环”“振子—中环”或“振子—大环”的复合天线模型来分析。

5.1.2 电磁波辐射与耦合的天线模型

实际上电气设备局部放电辐射电磁波都会受到设备金属外壳的屏蔽作用，但所辐射的电磁波可通过设备的绝缘套管及缝隙的耦合，为设备外部的接收天线所捕获，从而为通过测量辐射电磁波的远场高频分量来分析设备的局部放电状况提供了可能。不同类型局部放电时，通过设备绝缘套管及缝隙耦合的辐射电磁波强度可分别采用口径和缝隙天线模型分析。

口径天线模型适用于具有绝缘子套管的电气设备，其内部局部放电辐射的电磁波可通过金属外壳上绝缘子套管耦合到外部，因此可用口径天线模型分析。

GIS 辐射电磁波的耦合方式与其他电气设备有所不同。GIS 并不是完全的金属封闭体，一般都具有多个间隔，每个间隔之间采用盆式绝缘子来封闭和连接并支撑中间导体。GIS 中的盆式绝缘子断面形成了同轴波导的开口面，GIS 内部局部放电辐射的电磁波可通过盆式绝缘子缝隙耦合到外部。可用天线理论来分析 GIS 中局部放电信号激发的电磁波在盆式绝缘子缝隙处的耦合原理。同轴波导的盆式绝缘子断面可看作是简单的缝隙天线，因此可用缝隙天线模型分析其远场辐射。

5.2 UHF 天线的设计与选型

5.2.1 锥形槽（vivaldi）天线及其改进型

针对局部放电辐射的 UHF 电磁波覆盖频段宽、信号微弱的特点，根据超宽带渐变槽线天线理论，本书在实践中对传统 vivaldi 天线进行改进设计，在保持天线体积不变的同时，进一步提升天线的性能。经过仿真与试验，该天线工作频段符合局部放电 UHF 传感器设计标准要求，同时天线具有较高的指向性与增益，适用于电气设备局部放电带电检测。

1. vivaldi 天线的结构与工作原理

vivaldi 天线属于渐变槽线缝隙天线，具有超带宽、高指向性、低交叉极化

电平等特点。vivaldi 天线印刷在高介电常数基板上，正面用激光雕刻或腐蚀的方法做出边界为指数曲线形状的金属极板，用于辐射和接收空间中的电磁波信号，背面制作出微带传输线对金属极板进行馈电。

vivaldi 天线的工作带宽主要决定于两个转换区域的带宽特性，分别为槽线到自由空间的转换和馈电处槽线到微带线之间的转换。这两个转换区域的阻抗匹配特性决定了天线的宽带特性。传统的 vivaldi 天线整体结构如图 5-2 所示，其中槽线到自由空间的转换，由较窄矩形槽线转变为较宽指数曲线槽线形成，外形类似于喇叭口，向外辐射和接收电磁波。由于槽线的指数型渐变结构，使其具有较宽的阻抗匹配带宽，因此 vivaldi 天线的工作带宽基本由馈电区域决定。

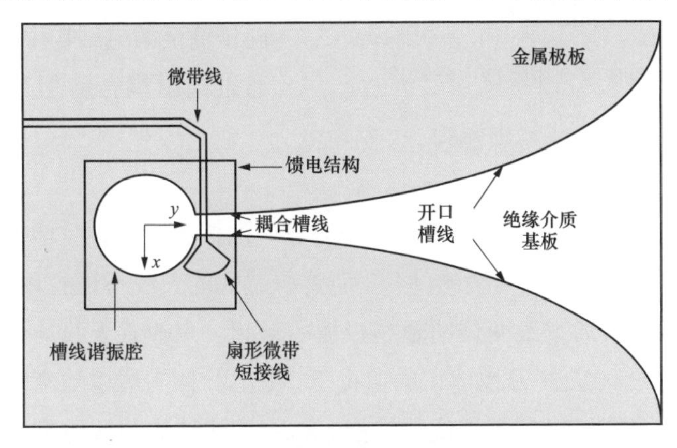

图 5-2　vivaldi 天线结构

馈电区域的转换多采用微带线到槽线的方式，微带线与槽线分处基板的两侧，微带线垂直于槽线并穿过槽线进行放置。为进一步扩展馈电结构的工作频带宽度，英国学者 Sloan 提出将槽线延伸段设计为圆形谐振腔结构、微带线延伸段设计为扇形结构的方法，穿过槽线的微带线部分长度为微带线导波波长的四分之一。同样，槽线在微带线另外一侧的长度也为槽线导波波长的四分之一，如图 5-3 所示，这不仅可以有效增加天线工作带宽，同时可以优化辐射特性。

喇叭天线是当前使用最广泛的一类微波天线，其波导管终端渐变张开的圆形或矩形截面，辐射场是由喇叭的口面尺寸与传播型所决定。vivaldi 天线的工作机理与喇叭天线相似，即相当于喇叭天线的 E 平面金属直接覆盖在绝缘介质基板上，喇叭天线的导波部分相当于耦合槽线，辐射部分相当于开口槽线。vivaldi 天线逐渐变宽形成喇叭口形状的槽线结构是辐射或接收能量的主体，不

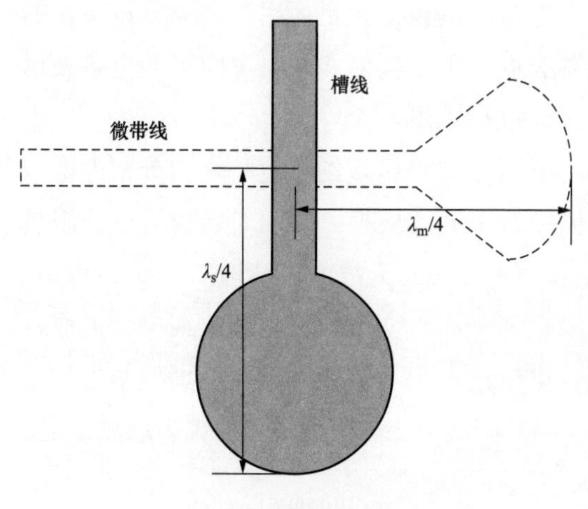

图 5-3 微带线到槽线馈电结构图

同频率的电磁波信号会被对应的λ/2 的缝隙宽度（λ 为该频率处的波长）处的槽线所辐射或接收，如金属极板槽线最大开口宽度对应于 vivaldi 天线的最低工作频率点。当电磁波传输到开口宽度为谐振波长的一半时，天线开口槽线处产生电磁谐振，电磁波转变为金属极板上的电流信号。再沿着开口槽线方向传输至馈电结构中的耦合槽线，通过电磁耦合将信号传输至微带线上，最终传输到天线输出端口。

2．改进型天线结构

根据上述分析，为使 vivaldi 天线获得较好的低频特性，需增加金属极板的长度与开口宽度，即增加天线的体积。而体积过大的天线不适合现场检测使用。目前国内外学者常通过改变传统金属极板的形状，来改善天线的低频特性。本书在不增加传统 vivaldi 天线体积的前提下，提出一种侧边增加渐变槽线和谐振腔的改进方法，有效提高了天线的性能。传统天线结构与改进型天线结构分别如图 5-4（a）、图 5-4（b）所示，结构参数见表 5-1。

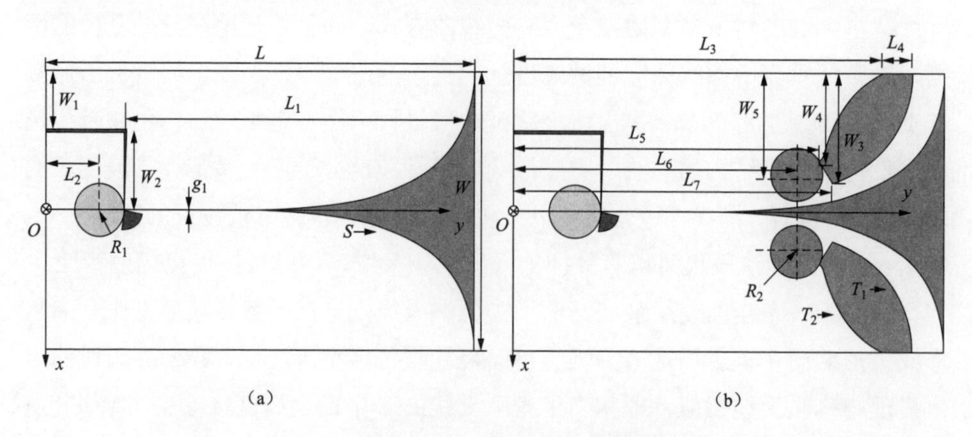

图 5-4 传统型和改进型 vivaldi 天线结构图

（a）传统 vivaldi 天线；（b）改进型 vivaldi 天线

表 5-1　　　　传统型和改进型天线结构参数

结构参数	数值（mm）	结构参数	数值（mm）
W	150.0	L_2	33.0
W_1	31.1	L_3	221.8
W_2	43.3	L_4	14.3
W_3	58.9	L_5	185.2
W_4	47.0	L_6	172.2
W_5	54.5	L_7	193.0
L	258.0	R_1	15
L_1	203.2	R_2	15

两种天线的体积均为 258mm×150mm×0.8mm，绝缘介质基板选用 FR4 环氧树脂板，其相对介质常数为 4.4，损耗角正切值为 0.001。图 5-4 中的指数型槽线 S 方程和改进型天线边界开口渐变曲线 T_1、T_2 方程如式（5-1）～式（5-3）所示。

$$y_s = 88.7(e^{0.0007x} - 0.85e^{-0.0617x} + 1.87),\quad 2g_1 \leqslant x \leqslant \frac{W}{2} \tag{5-1}$$

$$y_{T1} = 87.3(e^{-0.0001x} - 0.46e^{-0.0457x} + 1.9),\quad \frac{W}{2} - W_4 \leqslant x \leqslant \frac{W}{2} \tag{5-2}$$

$$y_{T2} = 15.2e^{-0.013x} - 0.044e^{0.085x} + 166.1,\quad \frac{W}{2} - W_3 \leqslant x \leqslant \frac{W}{2} \tag{5-3}$$

设计的天线采用槽线转微带线的馈电结构。为在超宽带上获得较好的阻抗匹配，使用图 5-5 中渐变形式的微带线作为天线馈电结构，结构参数见表 5-2。微带线的末端宽度设计为 1.5mm，使天线的接口匹配阻抗为 50Ω。

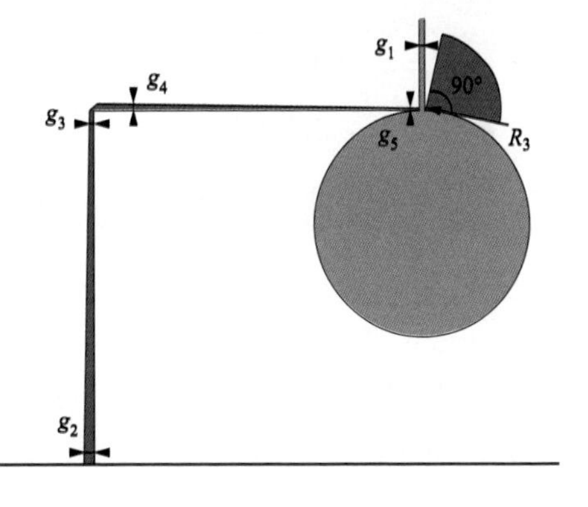

图 5-5　设计馈电区域结构图

表 5-2　　　　馈 电 结 构 参 数

结构参数	数值（mm）
g_1	1.0
g_2	1.5
g_3	0.5
g_4	0.9
g_5	0.2
g_6	0.5
R_3	10

3．改进型天线结构特性验证分析

为了验证改进型天线的特性，在实践中分别制作了传统型和改进型 vivaldi 天线进行测试，如图 5-6 所示。使用 Agilent E5071B 网络分析仪测量天线的端口反射系数（S_{11}），使用 ETS-Lindgren 天线测量系统测量天线辐射场型与增益。同时对比 CST 电磁软件仿真结果，分别从表面电流分布、工作频段、指向性和增益四个方面进行验证。

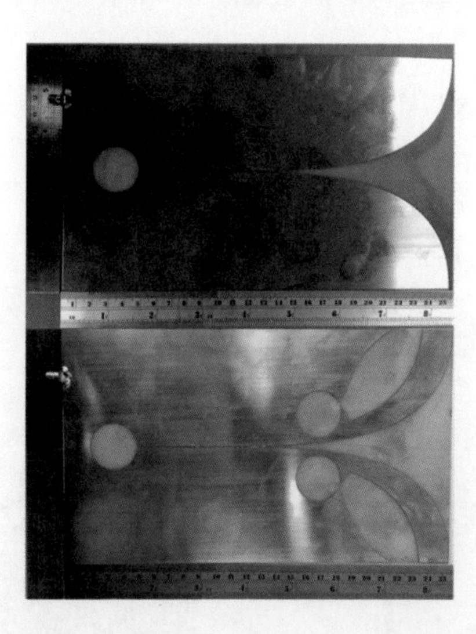

图 5-6　制作的传统型和改进型 vivaldi 天线实物

（1）表面电流分布。根据超宽带渐变槽线天线理论，vivaldi 天线表面电流分布决定了天线接收电磁波的特性，通过改进天线结构可以改善天线表面电流分布，从而提高天线性能。

以两种天线在接收频率为 1GHz 时局部放电电磁波信号时的天线表面电流分布为例，仿真结果如图 5-7 所示。可以观察出，相比于传统型天线接收 1GHz 电磁波的 A 区域，改进型天线开口槽线边缘的表面电流明显增高。另外，由于两侧边缘嵌入渐变槽线及末端的圆形谐振腔，增加了表面电流路径的有效长度，使改进型天线 B 和 C 区域上的槽线和谐振腔边缘上的表面电流也明显升高。当接收较低频率电磁波时，相应频率的天线表面电流的升高，能够

扩展天线工作带宽，提高增益，有效改善天线工作特性。

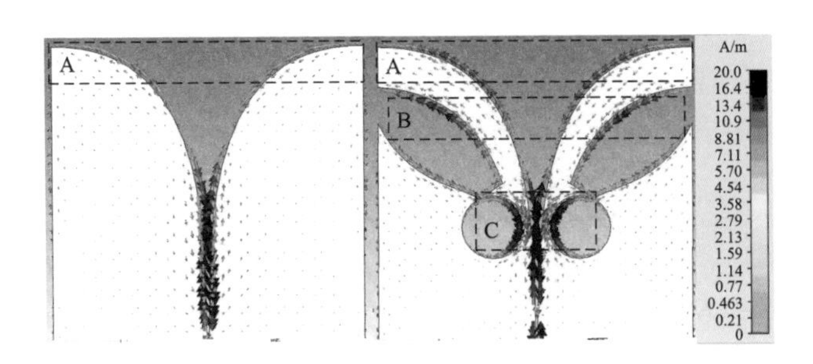

图 5-7 传统型和改进型 vivaldi 天线表面电流分布

（2）工作频段。当天线和馈线的阻抗不匹配时，会产生反射损耗，反射损耗越大，天线的效率越低。因此天线的工作频段可通过匹配阻抗带宽来定义，一般将天线端口反射系数 $S_{11}<-10$dB 频率范围定义为其匹配阻抗带宽，即天线的工作频段。典型的 UHF 局部放电传感器的工作频段为 0.5G～3GHz。

传统型和改进型 vivaldi 天线的端口反射系数 S_{11} 的仿真结果和实测结果如图 5-8 所示。从图中结果可得，传统型 vivaldi 天线的工作频段为 1.2G～3GHz，改进型 vivaldi 天线的工作频段为 0.5G～3GHz。这表明在不改变天线体积的情况下，通过改变金属极板形状的方法，可以有效降低低频截止频率，扩大天线工作带宽。

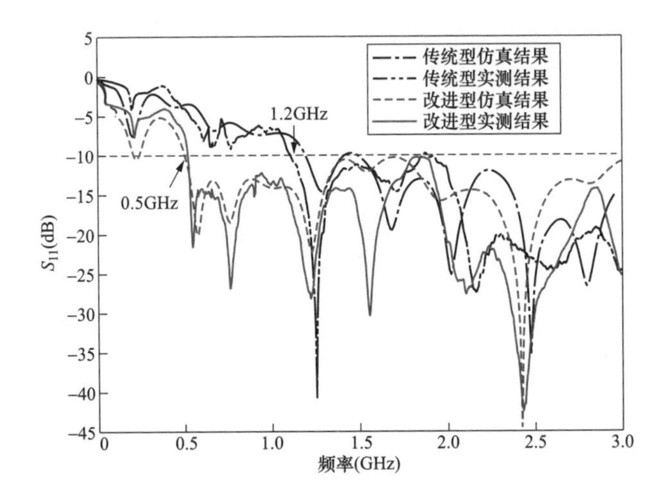

图 5-8 传统型和改进型 vivaldi 天线 S11

（3）指向性。天线的指向性描述了天线对空间不同方向所具有的不同辐射或接收的能力，它表征天线辐射的能量在空间分布的集中能力的参数。由于 vivaldi 天线为平面端射天线，其指向性可以通过测量天线在 E 平面（图 5-4 中 *xoy* 平面）上辐射场型的主瓣最大增益–3dB 夹角大小来判定，夹角越小表面天线指向性越好。

当频率分别为 0.7G、1.5G、2GHz 和 3GHz 时，传统型和改进型 vivaldi 天线的 E 平面辐射场型的仿真结果和实测结果如图 5-9 所示，两种结果具有较好的一致性。表 5-3 为对应频率下的两种天线最大增益–3dB 夹角值。图表结果表明，vivaldi 天线作为端射行波天线具有较好的指向性，且改进型结构进一步提了该特性，在变电站局部放电检测中提高对局部放电源定位的精度。改进型 vivaldi 天线在提高指向性的同时，相位中心保持在天线开口的中轴线，不随频率的变化而改变。而当频率为 0.7GHz 时，传统 vivaldi 天线相位中心发生畸变，最大增益方向从天线 *y* 轴线位置转移至两侧。

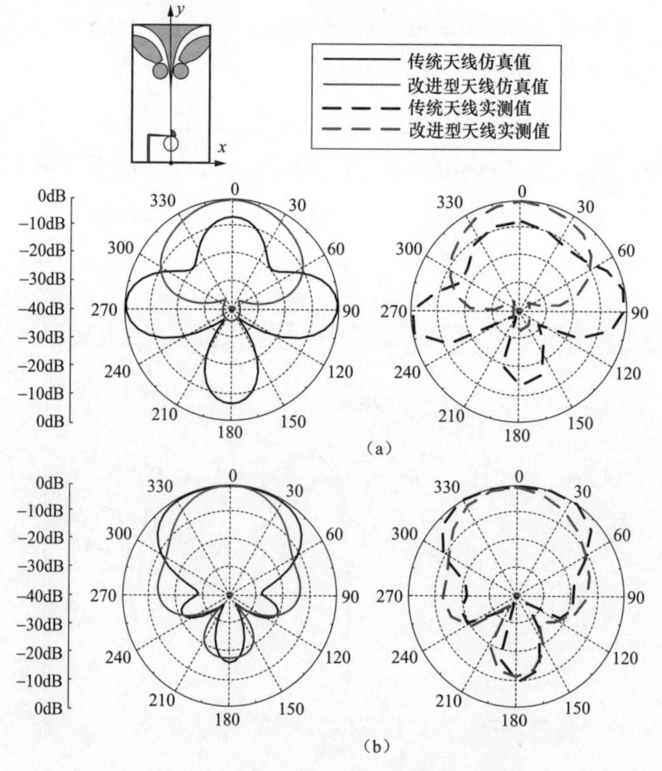

图 5-9　传统型和改进型 vivaldi 天线辐射场型（一）

（a）700MHz；（b）1.5Ghz

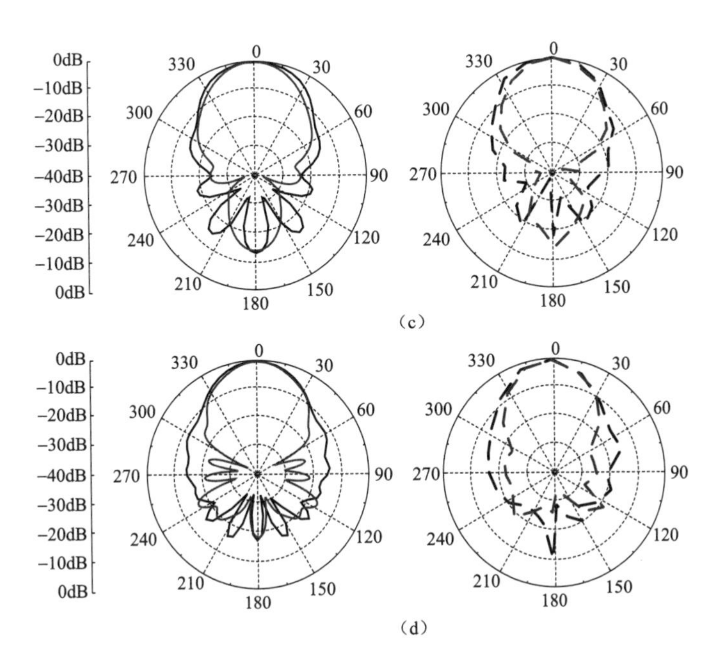

图 5-9　传统型和改进型 vivaldi 天线辐射场型（二）

（c）2GHz；（d）3GHz

表 5-3　　　　实测传统型和改进型 Vivaldi 天线场型-3dB 夹角

频率	传统型天线	改进型天线
0.7GHz	214.9°	89.5°
1.5GHz	121.1°	70.6°
2GHz	60.5°	48.7°
3GHz	48.9°	43.9°

（4）天线增益。接收天线的增益是指，当空间某处出现幅值一定的电场时，该接收天线与点源接收天线的输出功率之比。接收天线的增益越高，输出的信号幅值越高，检测灵敏度越高。由于局部放电产生的 UHF 电磁波信号衰减较快，故在相同检测距离时测量到的电磁波信号的高频分量保存的更好，有利于进一步的数据分析。图 5-10 为两种天线在 0.5G～3GHz 频段上的实测增益值，相比于传统型 vivaldi 天线，改进型天线的增益在局部放电电磁波频段上更高，最大增益为 7.9dBi，更适合现场远距离检测。

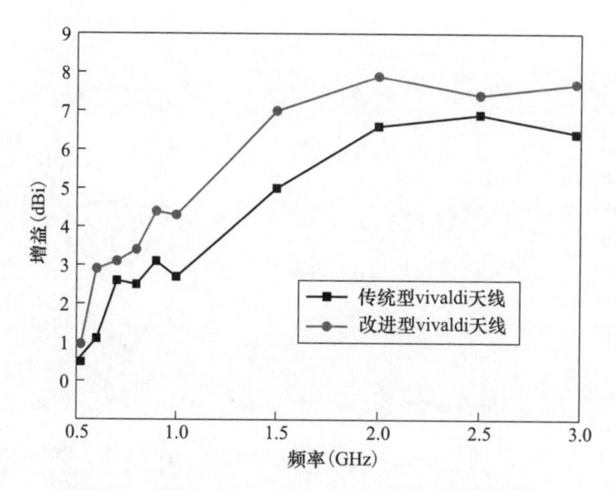

图 5-10　传统型和改进型 vivaldi 天线实测增益

5.2.2　等角螺旋天线

时间差的读取精度决定了 UHF 定位精度。为此需要提高信号幅值和首波上升沿陡度。这就需要更宽、更高的检测频带。本书在实践中研制的 0.7G～4GHz 的检测系统，其中的关键器件是 UHF 传感器。首先根据 UHF 天线及其工作原理选择传感器型式，然后设计和制作了等角螺旋天线，最后通过实验测试了其性能。

现有的 UHF 检测技术和装置的检测频带主要集中在 300M～2GHz，其所能达到的最好的时延测量准确度约为 0.3n～0.5ns，在一般存在背景噪声和随机干扰信号的情况下，时延测量值误差较大。研究中发现，电磁波脉冲信号时延测量的准确度与局部放电辐射的频谱特性有关。所测量到的脉冲信号频谱分量越高、频带越宽，信号波形的上升沿就越陡，测量信号时延的准确性则越高。

应用于脉冲检测的天线称为超宽带（UWB）时域天线，它不同于传统的频域天线，在天线的工作原理上有更特殊的要求。简单来说，超宽带时域天线要求天线的相位中心不随频率及信号到达点的变化而变化；同时还要求天线整体对不同频率的信号响应具有同时性。一般常规的超宽带天线如对数周期天线、盘锥天线以及阿基米德螺旋天线都不是非频变天线，以阿基米德螺旋天线为例，该天线的有效辐射区为不同直径的圆周，天线电流在有效辐射区之后，并不明显减小，且不同频率的有效辐射区到达天线端口的路径长度不同，即相位响应随频率有明显的变化，故不能很好的应用在时域信号检测中。

0.7G～10GHz 之间测量局部放电信号能够有效提高时延读取精度，且该频段内存在有局部放电辐射的功率谱，因此可将天线的最优检测频带设计在该频谱范围内。在合理选取检测频带的基础上，再通过优化设计天线阻抗匹配等结构参数，使其具有较高的增益，同时增益还与天线的尺寸相关。

平面等角螺旋天线的两条对称曲线方程如式（5-4）所示。

$$\begin{aligned} R_1 &= R_0 e^{a\varphi} \\ R_2 &= R_0 e^{a(\varphi-\pi)} \end{aligned} \tag{5-4}$$

式中，R_0为起始半径；a为螺旋角，其倒数为螺旋的增长率；ϕ为螺旋的角度。有自互补结构的等角螺旋天线的理论输入阻抗为188.5Ω，实际测得的阻抗值稍低一些约为160Ω。由于这种天线为平衡结构，所以当需要通过同轴系统进行馈电的时候，必须附加不平衡到平衡的变换器，同时兼顾阻抗变换的作用，将同轴系统的部平衡50Ω传输线变换到160Ω的平衡双线系统。

等角螺旋天线除了具有宽频带的阻抗特性以外，还具有宽频带的方向图。天线方向图的最大值在螺旋面的法线方向。在它的一边辐射右旋圆极化波，另一边辐射左旋圆极化波。在与螺旋扩展的方向没有辐射。为了获得单向辐射，可以安装一个反射腔。由于反射腔具有强烈的谐振特性，为了保持天线的宽带性能，还必须在腔内填充吸收材料。

螺旋线起始半径$R_0=\lambda_{min}/4=7.5$mm，故到天线馈电点的间距$D_0=2$（R_0-d），d为馈电点位置到螺旋起始点的线长，通常取5mm。螺旋线外径为$R_L=\lambda_{min}/2\pi=$24mm，故该天线印制图形直径取为$D=2R_L+D_0=60$mm。根据螺旋线方程$R=R_0\times$exp（$3\pi a$），可以计算出螺旋线增长率$a=0.125$。在具体天线制作上，将平面螺旋天线的图形通过印制的形式实现。印制板采用RT/duroid-5880单面覆铜板，厚度0.5mm。该材料具有较低的介电常数和损耗角正切，能使天线具有较高的辐射效率。

螺旋增长率也是平面等角螺旋天线设计的重要方面，增长率越大，行波成分越大，但由于终端过早截断，故终端反射较严重，导致匹配较差；增长率越小，行波成分越小，但终端截断较迟，故反射较少，匹配程度较好，其极端情况，增长率为零时，变为阿基米德螺旋天线。通常设计等角螺旋天线是取一圈半螺旋，即半径$R=R_0 e^{a3\pi}$。工作频率的下限取天线臂长的一个波长左右；工作频率上限则由R_0决定，即$R_0=\lambda_{min}/4$。

选取2G、4GHz两点频率作为仿真频率，利用HFSS10专业仿真软件天线接收面电流、电场以及能量的分布情况进行了仿真分析，分别如图5-11～图5-13所示。

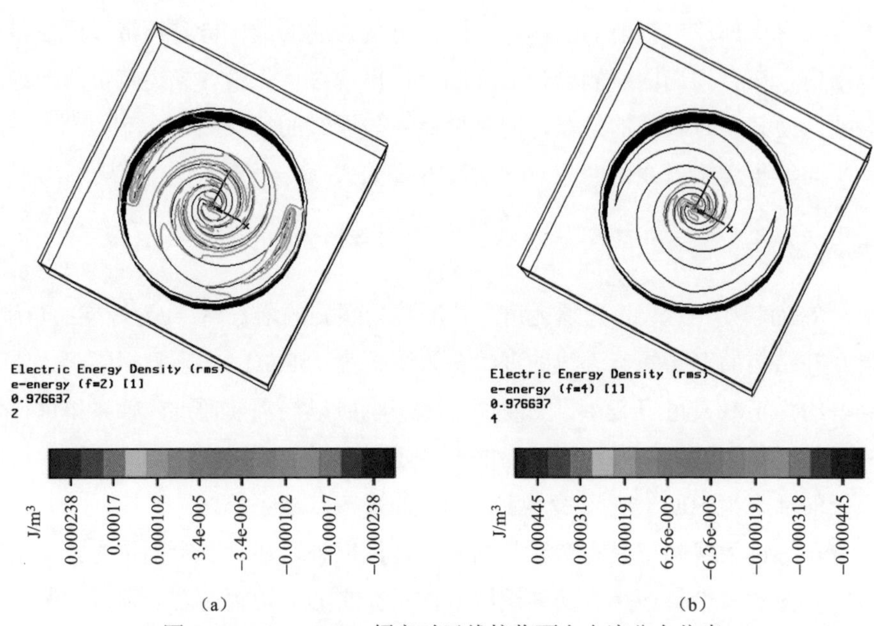

图 5-11　2G～4GHz 频率时天线接收面上电流分布仿真

（a）2GHz；（b）4GHz

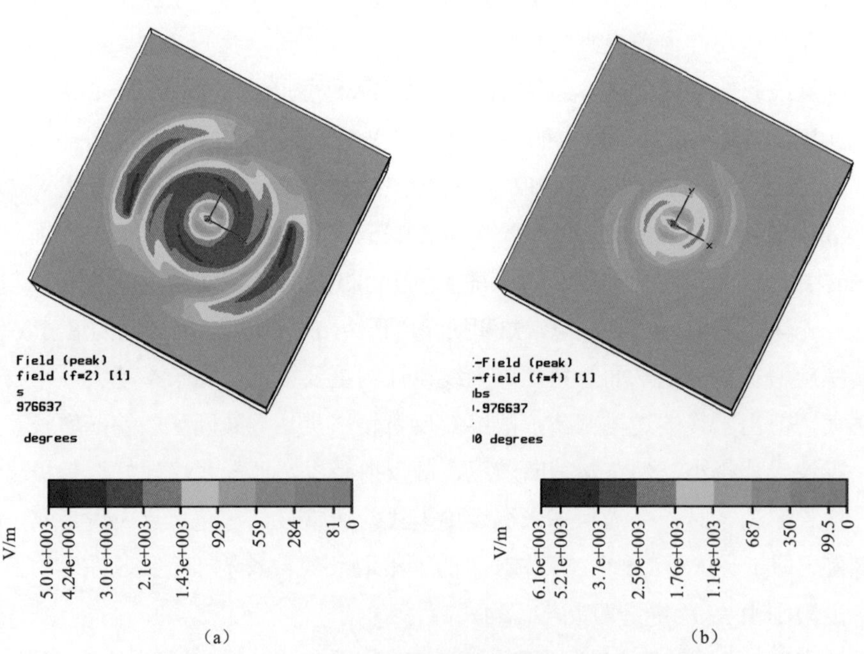

图 5-12　2G～4GHz 频率时天线接收面上电场分布仿真

（a）2GHz；（b）4GHz

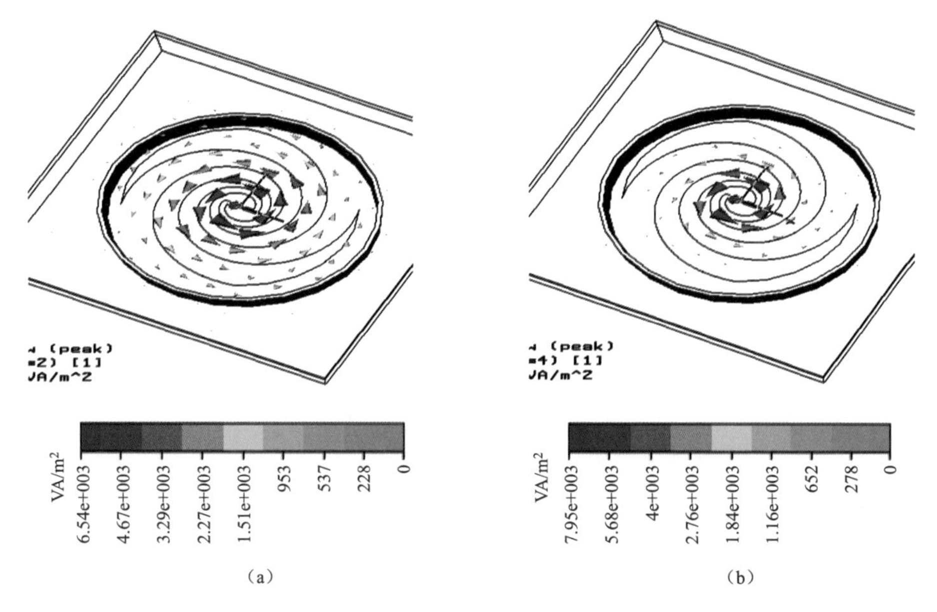

图 5-13　2G～4GHz 频率时天线接收面上能量分布仿真

（a）2GHz；（b）4GHz

从上述仿真结果可以得到以下几点结论：

（1）在整个设计频带内，天线辐射面上的电场、能流、电流分布非常相似，以图 5-11 中不同频率下电流分布情况为例，它的主要接收区集中在以顶点为圆心、波长为半径的区域（低频时波长大，接收区域面积较大，高频时反之），在此区域后，电流迅速衰减，图 5-12、图 5-13 中电场与能量的分布规律也与电流一致，证明天线具有较好的宽频带特性。

（2）从图 5-13 中给出的能量分布情况来看，天线上接收到的能流方向绕天线法向（即接收来波）连续旋转，故天线具有良好的圆极化特性，与局部放电辐射电磁波信号的极化特性一致，因此在检测信号时功率损耗很小。

（3）从图 5-11（a）、图 5-12（a）、图 5-13（a）所示的 2GHz 低频时，整个天线接收面上都有较强的电流、电场及能量分布，频率在图 5-11（b）、图 5-12（b）、图 5-13（b）所示的 4GHz 较高频率时，天线外沿区域电流、电场及能量快速减弱并近乎于零，当频率高达图 5-11（c）、图 5-12（c）、图 5-13（c）所示的 4GHz 频率时，天线外沿区域能量进一步减弱并趋于零，这说明在电流行进的末端，其电流、电场及能量快速衰减至零，即天线上的电流分布近似与无反射的行波状态，所以天线在高频段具有良好的行波特性。

（4）从图 5-11、图 5-12、图 5-13 所示的所有仿真结果来看，在不同频率下，天线的有效接收区域都包含了馈电区，馈电区域始终和有效接收区始终处于一个整体，接收信号相位不随中心频率改变而变化。相反，对数周期和阿基米德螺旋天线的有效接收区域不包含馈电区，故从其接受有效区到馈电位置有一段行程，随着频率的变换，接受有效区域位置发生变化，其到馈电位置的长度也发生了变化，导致相位相应随频率的不一致。因此平面等角螺旋天线具有良好的相位性。

仿真结果与理论分析一致，说明等角螺旋天线具有良好的超宽带及时域特性，适用于超宽带射频检测定位系统。制作完成结构优化设计的平面等角螺旋天线，实物如图 5-14 所示。

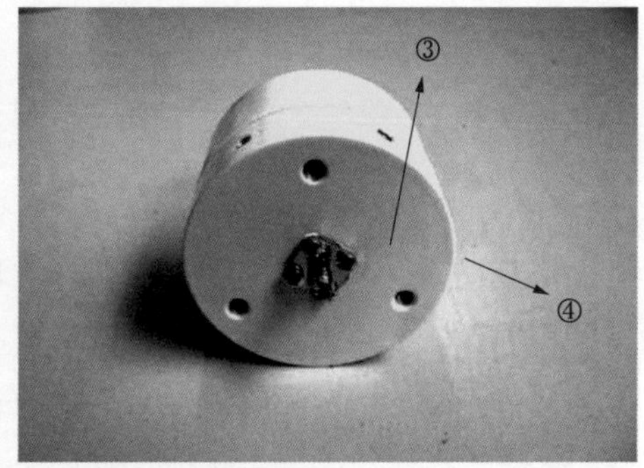

图 5-14　制作完成的平面等角螺旋天线实物照片

①—天线辐射/接收面；②—天线腔体；③—馈电端子；④—安装孔位

5.3　基于定向天线的局部放电检测方法

5.3.1　基于定向天线的局部放电定位原理与计算方法

1. 定位原理

在变电站进行局部放电定位，将整个变电站视为无限大半空间，基于定向天线的定位方法如图 5-15 所示。O 点坐标原点，同时为测量点，图中定向天线 A、B 放置于绕 O 点旋转的连杆两端，其中 $OA=OB=r$，连杆 AB 绕 O 点在平面

xoy 内自由旋转，θ_j 为当前旋转角度。局部放电源 P 位于空间中任意一点（x_p，y_p，z_p）。局部放电产生的 UHF 信号经路径 PA、PB 被定向天线 A、B 接收。通过旋转测量，实现在全方位的局部放电检测。

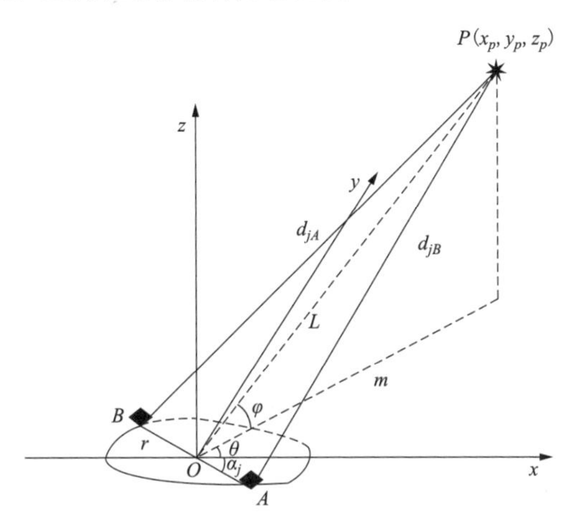

图 5-15　基于定向天线的局部放电定位方法

路径 PA、PB 距离不同，两支天线接收信号的时间 t_A、t_B 存在时间差 Δt。通过旋转连杆，得到一系列时间差 Δt_j。依据空间几何关系可知

$$d_{jA} - d_{jB} = c\Delta t_j \tag{5-5}$$

式中　d_{jA}、d_{jB} 分别为局部放电源 P 到不同旋转角度时距定向天线 A、B 的距离，c 为电磁波在空气中的传播速度，约为 3.0×10^8m/s。d_{jA} 与 d_{jB} 可表示为

$$\begin{cases} d_{jA} = \sqrt{(x_p - r\cos\theta_j)^2 + (y_p - r\sin\theta_j)^2 + z_p^2} \\ d_{jB} = \sqrt{(x_p + r\cos\theta_j)^2 + (y_p + r\sin\theta_j)^2 + z_p^2} \end{cases} \tag{5-6}$$

为得到局部放电源 P（x_p，y_p，z_p）的位置，至少需要三个方程联立解出。因此，基于定向天线旋转测量的局部放电定位方法，需要在一个检测点旋转三个角度，得到三个方程联立进行求解，如式（5-7）所示。该方法克服了定向天线其指向性对全变电站检测的不足，与四支全向天线定位方法相比降低了采集设备的复杂程度。

$$\begin{cases} d_{1A} - d_{1B} = c\Delta t_1 \\ d_{2A} - d_{2B} = c\Delta t_2 \\ d_{3A} - d_{3B} = c\Delta t_3 \end{cases} \tag{5-7}$$

基于两支定向天线旋转检测的局部放电源定位方向的定位结果必然存在一定的误差，局部放电源与检测点之间俯仰角的误差远远小于距离的误差。经过定量分析，提出的定位原理仅能实现局部放电源俯仰角的准确定位。

2．基于多方位检测的变电站局部放电源三维定位方法

在单一检测点进行旋转检测难以获得局部放电源精确的距离，但能获得相对准确的俯仰角。因此利用定向天线多方位检测的方法进行变电站局部放电源的定位，原理如图 5-16 所示。在变电站中选取多个检测点进行多方位检测，在各个检测点获取局部放电源的方向向量，多个方向向量的交点即为局部放电源的位置。具体步骤如下所示：

步骤 1：在变电站中建立半空间直角坐标系，$z \geqslant 0$。在巡检通道中选取 U 个检测点（O_1，O_2，…，O_u，…，O_U），记录各个检测点的坐标（x_{Ou}，y_{Ou}，z_{Ou}），满足 $U \geqslant 2$；

步骤 2：在每个测点进行 360°范围内等角度间隔旋转测量，记录两支天线接收的 UHF 信号 $x_{Auj}(t)$ 和 $x_{Buj}(t)$，并记录对应的旋转角度 θ_{Ouj}，其中 j 表示不同的旋转角度；

步骤 3：提取信号 $x_{Auj}(t)$ 和 $x_{Buj}(t)$ 的首波，利用广义互相关算法计算各组 UHF 信号之间的时延 Δt_{uj}；

步骤 4：依据式（5-6）计算测点 O_u 处向量 O_uP_{Ou}，如式（5-7）所示，其中（x_{pu}，y_{pu}，z_{pu}）为该测点所建立方程组的解；

步骤 5：利用式（5-8）建立空间直线，式中 θ_{Ou} 和 φ_{Ou} 为测点 O_u 至局部放电源的方向角和俯仰角。通过求取各空间直线的交点，即为局部放电源的坐标。

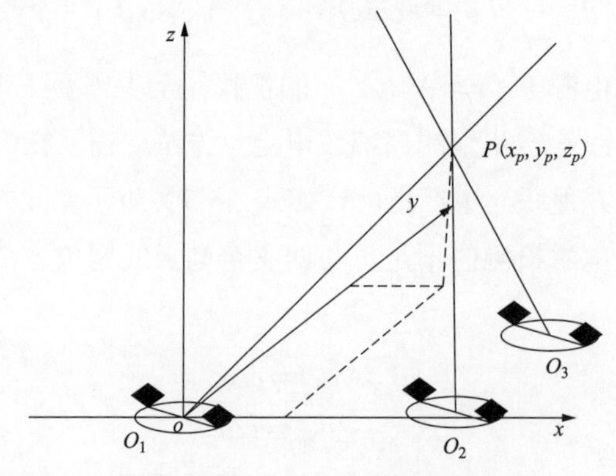

图 5-16　变电站多方位检测的局部放电源定位方法

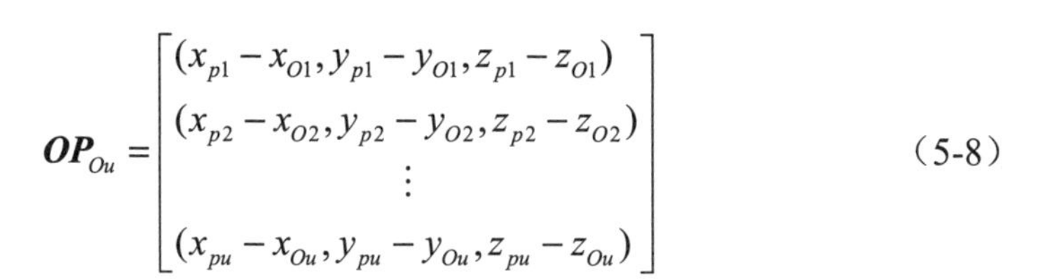

$$\boldsymbol{OP}_{Ou}=\begin{bmatrix}(x_{p1}-x_{O1},y_{p1}-y_{O1},z_{p1}-z_{O1})\\(x_{p2}-x_{O2},y_{p2}-y_{O2},z_{p2}-z_{O2})\\\vdots\\(x_{pu}-x_{Ou},y_{pu}-y_{Ou},z_{pu}-z_{Ou})\end{bmatrix} \tag{5-8}$$

$$\begin{cases}\dfrac{x-x_{Ou}}{\cos\theta_{Ou}}=\dfrac{y-y_{Ou}}{\sin\theta_{Ou}}=\dfrac{z-z_{Ou}}{\tan\varphi_{Ou}}\\\theta_{Ou}=\arctan\dfrac{y_{pu}-y_{Ou}}{x_{pu}-x_{Ou}}\\\phi_{Ou}=\arctan\dfrac{z_{pu}-z_{Ou}}{\sqrt{(x_{pu}-x_{Ou})^2+(y_{pi}-y_{Ou})^2}}\end{cases} \tag{5-9}$$

理想情况下，这些方向向量能够相交于一点，但由于采集设备采样率限制和时延估计算法带来的时延误差以及变电站中坐标测量误差等原因，导致这些方向向量构成的空间直线为异面直线，没有交点，无法直接获得局部放电源的位置。从统计学的观点看，时延参数误差、坐标测量误差呈正态分布，计算得到的方位角 θ、φ亦满足正态分布，两个参数均方根误差决定了三维空间的定位准确度。空间中的任一点为局部放电源的概率 p_i（θ，φ）满足式（5-10），式中 σ_θ，σ_ϕ 分别为各环节引入的误差折算至方位角的均方根误差。利用式（5-10）计算各方向向量的联合概率密度，局部放电源的位置对应于空间中概率密度最小的点。

$$p_u(\theta,\phi)=1-\frac{1}{\sqrt{2\pi\sigma_\theta\sigma_\varphi}}\exp\left\{-\frac{1}{2}\left[\frac{(\theta-\theta_{Ou})^2}{2\sigma_\theta^2}+\frac{(\varphi-\theta_{Ou})^2}{2\sigma_\varphi^2}\right]\right\} \tag{5-10}$$

$$p(\theta,\varphi)=\prod_{u=1}^{U}p_u(\theta,\varphi) \tag{5-11}$$

发生于设备内部的局部放电辐射的 UHF 信号通过设备非金属屏蔽区域溢出至外部空间，以坐标作为定位结果不能反映溢出区域的真实情况。同时，当定位出现误差时，利用坐标作为定位结果可能出现故障设备的误判。通过求取局部放电源三维误差分布可以实现变电站内的区域定位。首先依照式（5-12）对空间各点的联合概率密度进行归一化处理；其次，以空间各点的归一化误差概率绘制等值面，这个等值面为三维曲面，其意义为局部放电源的误差概率分布。误差概率越大，表明局部放电源存在于这个三维曲面围成的空间的概率越大。利用局部放电源定位结果的误差分布范围，能够更有效地在变电站内对发生局部放电的设备进行定位，防止因定位坐标的偏差出现设备定位的误判。

$$p(x,y,z)=p(\theta,\varphi)=1-\frac{p(\theta,\varphi)-\min[p(\theta,\varphi)]}{\max[p(\theta,\varphi)]-\min[p(\theta,\varphi)]} \tag{5-12}$$

3．时延估计方法

求解式（5-12）方程组的首要步骤为计算各旋转角度两路信号的时延 Δt_j。多路径传播导致两天线接收到的信号存在一定差异，为基于互相关算法为核心的时延估计方法带来误差。多路径效应增加了信号传播的波程，但对信号的首波并未产生影响，因此本文首先提取 UHF 信号首波，基于两路信号的首波互相关运算进行时延估计。

（1）UHF 信号首波提取方法。

变电站现场电磁环境复杂，在 UHF 频段的干扰主要为窄带通信信号干扰和白噪声。在 500MHz 以上的窄带干扰主要为移动通信 2G（820M～960MHz）和 3G（1.7G～2.1GHz）信号。因此在进行首波提取中需要分别对两种信号进行考虑。首波提取步骤如下所示：

1）基于连续小波变换对信号 x（t）进行时频变换，得到时频域信号 CWT（t_m，ω_n），m（m=0，1，2，…，M）为时域尺度，n（n=0，1，2，…，N）为频域尺度。

2）为避开窄带干扰信号，提取 0.5G～0.75GHz 频段的信号进行频域的叠加，得到该频段内的时域叠加信号 CWT（t_m），计算方法如式（5-13）所示。

$$\mathrm{CWT}(t_m)=\sum_{\omega=0.5}^{0.75}\mathrm{CWT}(t_m,\omega_n) \tag{5-13}$$

3）提取叠加信号 CWT（t_m）的最大峰值，以峰值的 50%作为上升沿的触发阈值，得到 CWT（t_m）上升沿位置 $t_{50\%}$。在 $t_{50\%}$位置处截取原始信号 x（t）前后各 5ns 的信号 x'（t）。

4）为排除白噪声对后续处理的影响，对信号 $x'(t)$ 进行平滑滤波得到 $x''(t)$，统计 $x''(t)$ 的过零点位置及每两个过零点间的波峰波谷值，同时对波谷值取绝对值。

5）统计 x（t）内非 UHF 信号段（以 t=0 起始至 $t_{50\%}$前 5ns 位置段）内波

峰、波谷值，取绝对值后统计最大值 V_n，以 1.1 倍的 V_n 作为阈值，统计步骤 4）中首个大于 $1.1V_n$ 的波峰或波谷的位置 t_{wh}，选择 t_{wh} 前后临近的两个过零点，以此过零点在原始信号 x（t）的相应位置中截取信号，即为首波。对于信号首波幅值较低的情况，选择 t_{wh} 前一个过零点和其后第二个过零点，截取首波及其后的一个波峰或波谷作为首波。

6）依据截取位置依照 $x(t)$的采样长度在首波前后补零得到与 $x(t)$首波重合的信号 $x_{wh}(t)$。

经过上述 6 个步骤，可提取 UHF 信号的首波。

（2）基于广义互相关算法的时延估计。

首波 x_{wh}（t）持续时间在 1ns 左右，在一定的信噪比下，可近似地认为两路首波仅存在幅值和时间的差异，即 x_{wh2}（t）$=\alpha \cdot x_{wh1}$（$t+D$），其中 α 为两路首波的幅值差异，D 为时延。对两路信号进行互相关运算，如式（5-14）所示。当且仅当 $D=-\tau$ 时互相关函数 R_{12}（τ）取得最大值。因此通过互相关函数的最大值所对应的位置，可得两路信号的时延。

$$\begin{aligned} R_{12}(\tau) &= E[x_{wh1}(t)x_{wh2}(t+\tau)] \\ &= \alpha E[x_{wh1}(t)x_{wh1}(t+D+\tau)] \end{aligned} \quad (5\text{-}14)$$

5.3.2 基于定向天线的局部放电现场测试

1．试验现场介绍

为对上述定位方法进行验证，在 220kV 试验变电站进行模拟局部放电源的定位试验，变电站试验现场照片如图 5-17（a）所示，使用改进型 vivaldi 天线作为 UHF 传感器。同时为验证基于定向天线的局部放电定位方法的优越性，利用自行设计的微带天线搭建基于四支全向天线的局部放电定位试验平台，对同一局部放电源进行对比试验，如图 5-17（b）所示，四支全向天线的组成矩形阵列，矩形长宽分别为 1.7m 和 1m。采集装置使用 LeCry WR640Zi 型示波器，带宽 4GHz，最高采样率 40GSa/s。各天线经型号、长度均相同的同轴电缆接入示波器。

在变电站中建立空间坐标系，如图 5-18 所示，图中 1 为避雷器、2 为电压互感器、3 为断路器、4 为电流互感器、5 为隔离开关、6 为电力电容器。以天线所在高度为 xoy 平面，选取 4 个测点，O_1（0，0，0）、O_2（5，0，0）、O_3（5，

2，0)、O_4（-6.1，0，0）（单位：米，下同）。四支全向天线位于 K_1（-6.95，0，0），K_2（-5.25，0，0），K_3（-5.25，1，0），K_4（-6.95，1，0）。其中设置四个模拟局部放电源 P_1、P_2、P_3、P_4，其中 P_1 位于 V 相断路器绝缘子的中间法兰处，P_2 位于 V 相电压互感器的绝缘子与二次线圈金属外壳接缝处，P_3 位于 V 相隔离开关触点处，P_4 位于电流互感器的绝缘子中部。天线连杆臂长 0.75m，天线旋转平面距地面 1.2m。

图 5-17　试验变电站现场试验

（a）试验现场布置；（b）基于微带天线的变电站现场定位试验

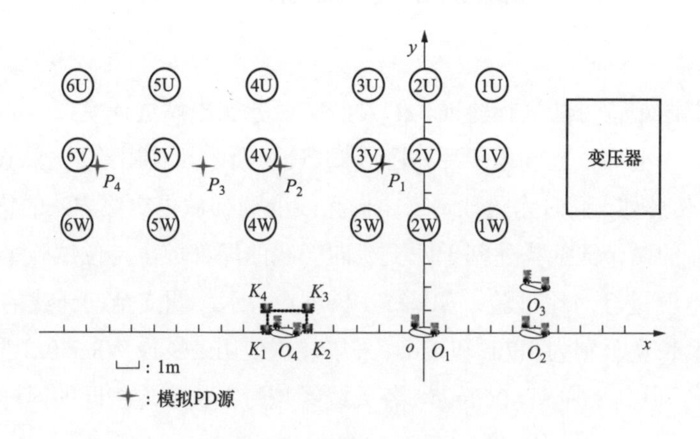

图 5-18　变电站平面坐标系

2．试验结果

以局部放电源 P1 为例进行说明。图 5-19 列出了对局部放电源 P1 定位时位于检测点 O4 的两支改进型 vivaldi 天线和四支微带天线的检测的 UHF 信号，其中定向天线接收到的信号为旋转至 0°时的信号。由图 5-19（a）和图 5-19（b）列出的 UHF 信号时域波形可知，改进型 vivaldi 天线检测到的信号幅值高于微带天线，同时改进型 vivaldi 天线接收的信号持续时间远小于微带天线。由图 5-19（c）和图 5-19（d）列出的 UHF 信号频域波形可知，改进型 vivaldi 天线接收信号的能量主要集中于 600M～1.2GHz 范围内，微带天线接收信号的能量主要集中于 200M～1GHz 范围内，500M～1GHz 范围内的能量比低频部分微弱。

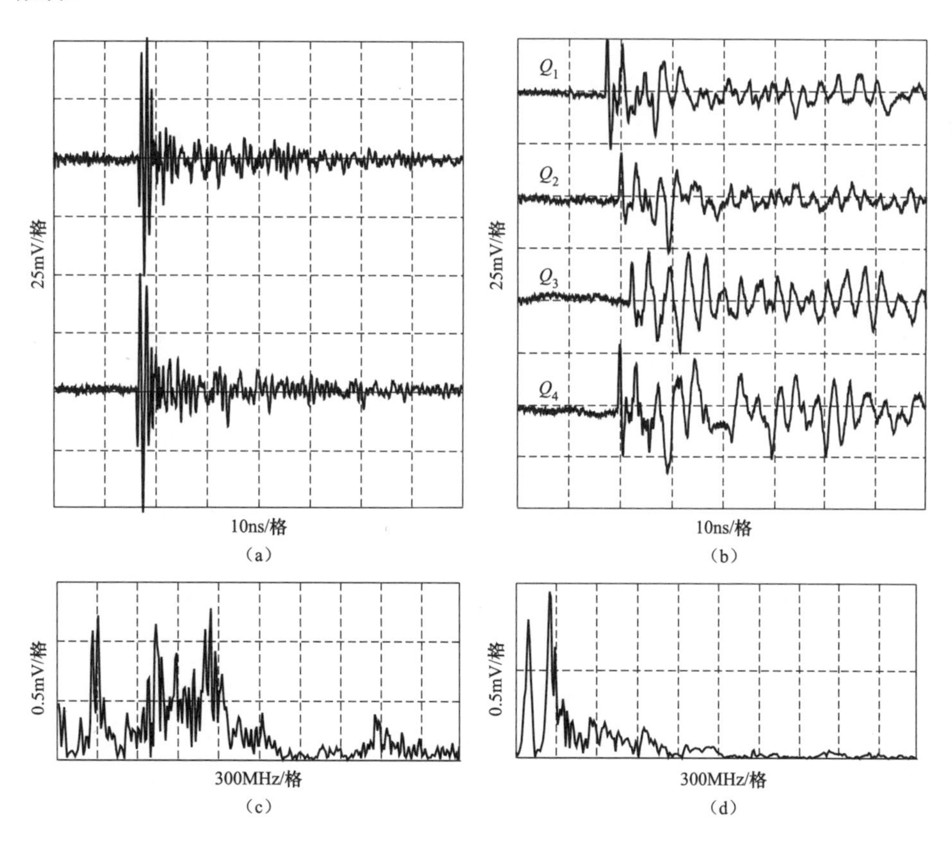

图 5-19　局部放电源 P1 在测点 O4 的 vivaldi 天线和微带天线接收的信号及频谱

（a）vivaldi 天线接收时域信号；（b）微带天线接收时域信号；

（c）vivaldi 天线接收信号频谱；（d）微带天线接收信号频谱

首先分析基于改进型 vivaldi 天线定位方法的定位结果。在四个检测点 O_1、

O_2、O_3、O_4的旋转角度如表5-4第二列所示，基于首波互相关运算进行时延估计，采用粒子群寻优算法进行方向向量的计算，如表5-4中3、4列所示。将方向向量（θ，φ）代入式（5-10）计算空间各点相对于各检测点所确定方向的概率。通过式（5-11）计算四个测点所确定的联合概率密度函数最大值所在位置为（–2.14，7.42，2.36）。模拟局部放电源位于V相断路器绝缘子的法兰处，实际坐标为（–2.15，7.45，2.45），其中x坐标偏差1cm，y坐标偏差2cm，z坐标偏差最大为9cm，总偏差为5.5cm。其中，偏差的原因为方位角φ在测量和计算过程中的均方根误差大于θ。

表5-4　局部放电源P_1方向向量计算结果

测点（m）	角度（°）	时延（ns）	方向向量（°）
O_1（0，0，0）	0	1.425	（106.16，14.60）
	–15	2.62	
	30	–1.025	
O_2（5，0，0）	0	3.3	（133.46，13.12）
	15	2.35	
	45	0.15	
O_3（5，2，0）	90	–2.95	（143.02，14.60）
	105	–1.84	
	120	–0.62	
O_4（–6.1，0，0）	0	–2.27	（61.82，18.05）
	–15	–0.045	
	–30	0.05	

提取概率最大点确定的三维平面xoy、yoz、xoz内的概率依照式（5-12）进行归一化处理，绘制等概率面，如图5-20（a）所示，图5-20（b）～图5-20（d）分别为xoy、yoz、xoz三个平面内的误差分布情况。在xoy平面内，当误差范围为90%时，定位范围在$\{x|x\in[-2.3,-1.9]\}$，$\{y|y\in[7.2,7.8]\}$。当逐渐降低误差范围，则定位区域逐渐减小，当误差范围缩小至10%时，定位范围为$\{x|x\in[-2.14,-2.06]\}$，$\{y|y\in[7.42,7.52]\}$，可知xoy面内定位误差均在10%范围内。同理分析图5-20（c）、图5-20（d）可知，局部放电源的真实位置均在定位结果的10%的误差范围内。此次试验中，断路器V相的中心坐标为（–2.3，

7.6，0），可以通过40%的误差范围锁定放电设备为V相断路器，局部放电发生的高度在2.23～2.55m（不含天线旋转平面的高度）。可以利用定位结果的某个误差范围对变电站内发生局部放电的高压设备进行定位。

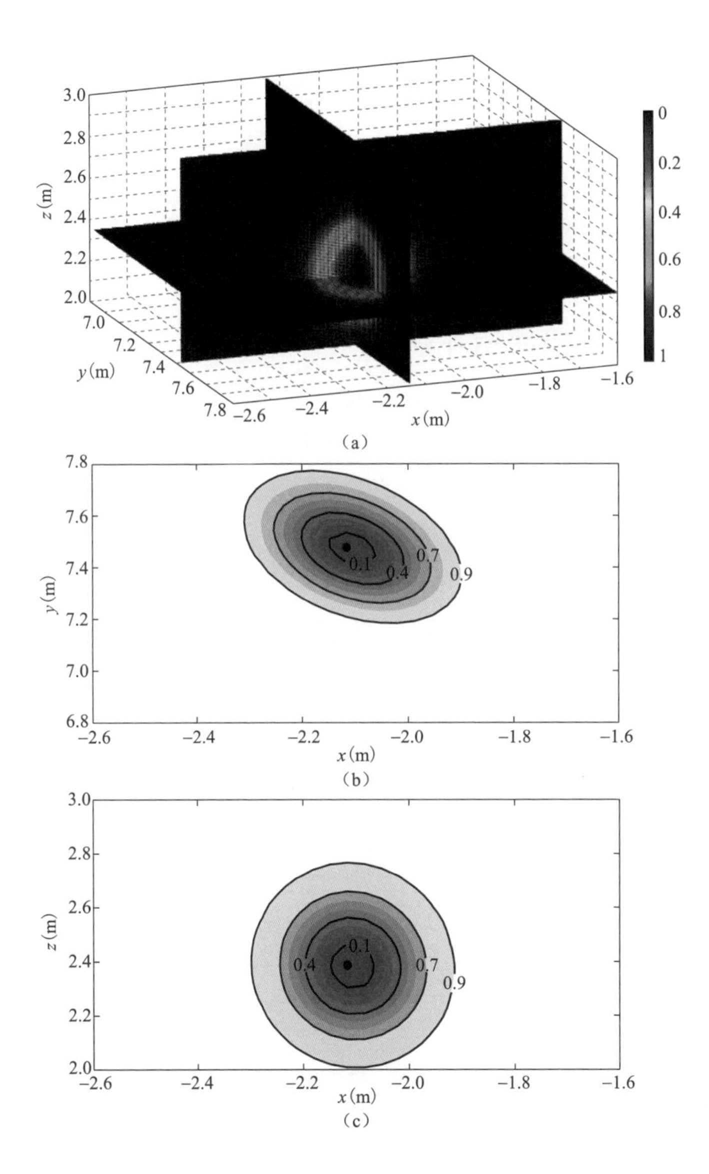

图5-20 局部放电源P1的三维定位结果及误差概率分布（一）

（a）三维误差概率分布；（b）*xoy*平面误差概率分布；（c）*yoz*平面误差概率分布

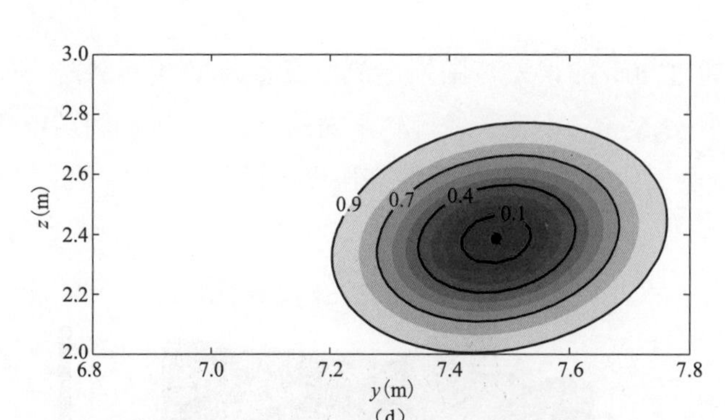

图 5-20　局部放电源 P1 的三维定位结果及误差概率分布（二）

（d）*yoz* 平面误差概率分布

基于微带天线定位的时延计算依然按照基于首波互相关算法进行，分别计算 K_1、K_2、K_4 对 K_3 的时延参数，分别为 5.17ns、2.63ns 和 2.80ns，该时延参数是经过十组数据计算平均值的结果。依照式（5-7）建立方程组，采用逐级网格搜索法求解，得到定位结果为（–2.57，6.7，2.1），与模拟局部放电源的真实坐标（–2.15，7.45，2.45）相比，*x* 方向偏差 42cm，*y* 方向偏差 75cm，*z* 方向偏差 35cm，总偏差为 43cm。该定位结果偏离 B 相断路器。表 5-5 列出了基于四支微带天线定位方法的时延序列，表 5-6 列出了两种定位方法的四个局部放电源定位坐标及误差。可知，基于定向天线的定位精度高于基于全向天线的定位结果。

表 5-5　　　　四个检测点的方向向量计算结果

局部放电源	t_{K1}-t_{K4}（ns）	t_{K2}-t_{K4}（ns）	t_{K3}-t_{K4}（ns）
P_2	2.35	2.8	–0.55
P_3	0.075	2.275	–2.4
P_4	–2.61	1.71	–4.5

表 5-6　　　　两种定位方法各局部放电源的定位结果及误差

局部放电源实际坐标	基于定向天线的定位结果		基于全向天线的定位结果	
	定位结果	误差	定位结果	误差
P_1（–2.15，7.45，2.45）	（–2.14，7.42，2.36）	0.06	（–2，7.43，2.69）	0.60
P_2（–6.85，7.45，2）	（–6.86，7.45，1.91）	0.09	（–6.65，6.31，1.67）	1.20
P_3（–9.7，7.45，3.75）	（–9.75，7.51，3.9）	0.17	（–9.39，6.87，3.64）	0.67
P_4（–15.2，7.45，2.65）	（–15.27，7.48，2.91）	0.27	（–16.38，8.36，2.44）	1.50

3．数据分析

通过两种天线接收的UHF信号可知，改进型vivaldi天线接收的UHF信号幅值高于微带天线，同时vivaldi天线接收信号的持续时间远小于微带天线。原因为定向天线在主向内因增益较高，能够检测到更微弱的信号。同时定向天线在旁瓣方向的增益远低于主瓣方向，抑制了从旁瓣方向入射的反射波，有效地抑制了电磁波传播的多路径效应。同时，从信号的频谱分析可知，vivaldi天线的频谱基本与天线带宽一致。而微带天线的低频能量远大于高频能量，原因在于高频能量分布于UHF信号波头，低频能量来自持续时间较长的波尾。

表5-7中的定位结果表明，随着局部放电源与检测点距离的增加，定位结果的误差逐渐增大。这是因为随着检测点与局部放电源距离的增大，UHF信号衰减程度增大，天线接收到的UHF信号随之降低。随着信噪比的降低，时延估计的误差逐渐增大，方向角计算误差亦随之增大。

表5-6列出的定位结果表明，基于定向天线多方位检测的定位精度远高于传统的全向天线阵列定位方法。

表5-7　　放电源P1各测点的方向角及偏差

测点	测量方向角（θ，φ）(°)	实际方向角（θ，φ）(°)	误差（$\Delta\theta$，$\Delta\varphi$）(°)
O_1	（106.16，14.60）	（106.10，17.53）	（0.06，2.93）
O_2	（133.46，13.12）	（133.82，13.35）	（0.36，0.23）
O_3	（143.02，14.60）	（142.68，15.24）	（0.34，0.64）
O_4	（61.82，18.05）	（242.07，16.20）	（0.25，1.85）

实测方位角与真实方向偏差主要存在于俯仰角φ，最大偏差达到2.93°，而定位结果（–2.14，7.42，2.36）相对O_1点的方向角为（106.12°，16.98°），与真实方位角的偏差为（0.02°，0.55°）。基于多方位检测的定位方法有效减小了单点检测的误差，提高了定位准确度。

与四支全向天线定位方法相比，定向天线多方位检测的定位方法实现了三维空间内更为准确的定位，利用定位结果的误差范围，能够有效的定位出发生局部放电的高压设备。

5.4 基于特高频天线阵列的局部放电定位方法

特高频信号的时域、频域信息都非常丰富，单传感器检测到的信号特征已经被广泛应用于电气设备局部放电检测和故障诊断。特高频定位技术利用四个天线组成的传感器阵列，通过读取每路信号的起始时刻的差异，建立传播时间—距离差方程组，即可求解得到放电源的位置坐标。此外，特高频天线阵列的布置方式会对定位结果产生影响，还需要对天线阵列的形式进行详细分析。

5.4.1 基于特高频天线阵列的局部放电定位原理与计算方法

1．定位方程组的建立

空间内任意给定点 P（x，y，z）辐射出的电磁波以球面波的形式向四周传播，被固定安装在周围空间的特高频传感器 S_i（X_i，Y_i，Z_i）接收。放电源跟传感器的相对位置如图 5-21 所示。

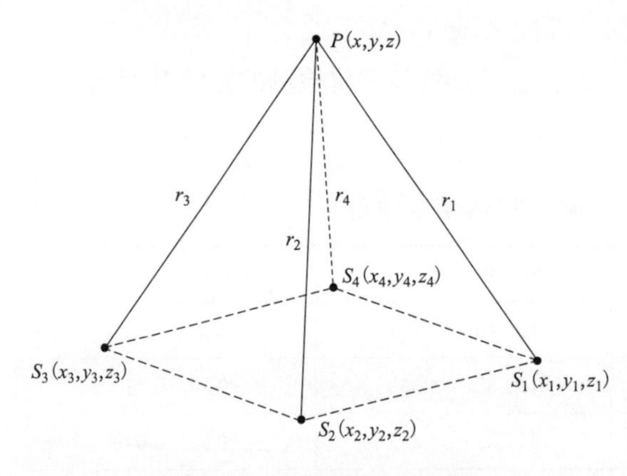

图 5-21　定位算法几何原理

通常情况下，利用无源时差定位系统对三维空间内的辐射源进行定位需要至少 4 个观测点：即 1 个参考观测点和 3 个主要观测点。设信号到达观测点 S_i（X_i，Y_i，Z_i）与参考观测点 S_1 的相对时差为 $\tau_{1i}=t_i-t_1$（i=2，3，4），则辐射源 P 与各观测点的坐标之间满足下面的关系：

$$\begin{cases} r_1=\sqrt{(x-x_1)^2+(y-y_1)^2+(z-z_1)^2}=c\cdot t_1 \\ r_2=\sqrt{(x-x_2)^2+(y-y_2)^2+(z-z_2)^2}=c\cdot (t_1+\tau_{12}) \\ r_3=\sqrt{(x-x_3)^2+(y-y_3)^2+(z-z_3)^2}=c\cdot (t_1+\tau_{13}) \\ r_4=\sqrt{(x-x_4)^2+(y-y_4)^2+(z-z_4)^2}=c\cdot (t_1+\tau_{14}) \end{cases}$$

测出各个传感器相对于参考传感器 S_1 的相对时差，已知波速 c 和各传感器的坐标，即可求出辐射源的位置坐标。对三维空间中的局部放电定位而言，实际上就是通过求给定时间差方程组的解，来找式中对应的三个双曲面的交点，即放电源 P 所在位置。

从几何意义上来说，方程组表示的为双曲面方程，因此时间差定位算法也称双曲面算法。如果把三维空间问题简化为二维平面问题，可以将时间差定位算法的几何原理用图 5-22 表示。图 5-22 中局部放电源 P 即为两双曲线的交点。

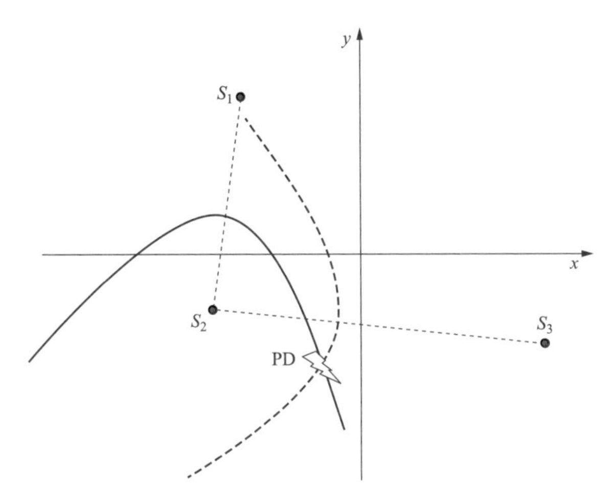

图 5-22　定位算法简化二维原理

2．定位方程组求解

方程组可写成如下形式

$$\begin{aligned}
f_1(x,y,z,t_1)&=(x-x_1)^2+(y-y_1)^2+(z-z_1)^2-c^2t_1{}^2=0\\
f_2(x,y,z,t_1)&=(x-x_2)^2+(y-y_2)^2+(z-z_2)^2-c^2(t_1+\tau_{12})^2=0\\
f_3(x,y,z,t_1)&=(x-x_3)^2+(y-y_3)^2+(z-z_3)^2-c^2(t_1+\tau_{13})^2=0\\
f_4(x,y,z,t_1)&=(x-x_4)^2+(y-y_4)^2+(z-z_4)^2-c^2(t_1+\tau_{14})^2=0
\end{aligned} \tag{5-15}$$

式（5-15）为四元二次方程组。设其解为 X^*=（x^*，y^*，z^*，$t_1{}^*$），则可将 f（X）在其解的附近一点 X_0（x_0，y_0，z_0，t_{10}）展开成泰勒级数，忽略其二次余项，并令 $f=(f_1,f_2,f_3,f_4)^T$，$X=(x,y,z,t_1)^T$，其中 X 为解向量。得到如下形式的线性方程组

$$f(\boldsymbol{X})=f(\boldsymbol{X}^0)+\sum_{i=1}^{4}\frac{\partial}{\partial \boldsymbol{X}_i}f(\boldsymbol{X}^0)\bullet(\boldsymbol{X}_i-\boldsymbol{X}_i{}^0) \tag{5-16}$$

将其表示为牛顿迭代形式

$$\boldsymbol{X}^1 = \boldsymbol{X}^0 - \boldsymbol{J}^{-1} \cdot f(\boldsymbol{X}^0) \tag{5-17}$$

其中 $\boldsymbol{J}$ 为雅可比行列式

$$\boldsymbol{J} = \begin{bmatrix} \frac{\partial f_1}{\partial x} & \frac{\partial f_1}{\partial y} & \frac{\partial f_1}{\partial z} & \frac{\partial f_1}{\partial t_1} \\ \cdots & \cdots & \cdots & \cdots \\ \cdots & \cdots & \cdots & \cdots \\ \frac{\partial f_4}{\partial x} & \frac{\partial f_4}{\partial y} & \frac{\partial f_4}{\partial z} & \frac{\partial f_4}{\partial t_1} \end{bmatrix} \tag{5-18}$$

选择合适的初值（x_0，y_0，z_0，t_{10}）进行迭代运算，基于最小二乘原理设定好误差约束 δ，同时在相邻两次迭代误差的模小于定位精度约束 ε 时，即满足下式的条件时迭代结束，所得结果即定位解。

$$\begin{array}{l} \left|\sum_{i=1}^{4} f_i^2\right| \leqslant \delta \\ \left|X^1 - X^0\right| \leqslant \varepsilon \end{array} \quad \delta > 0, \varepsilon > 0 \tag{5-19}$$

此方法又被称作牛顿拉夫逊迭代算法。算法的好处在于收敛速度快，能够在初值合适的情况下很快找到方程组的无偏估计解。缺点也很明显，即对初值十分敏感。

3．辐射源位置估计

将定位方程组线性化，得方程组

$$\begin{cases} (x_0 - x_1)x + (y_0 - y_1)y + (z_0 - z_1)z = k_1 + r_0 r_{10} \\ (x_0 - x_2)x + (y_0 - y_2)y + (z_0 - z_2)z = k_2 + r_0 r_{20} \\ (x_0 - x_3)x + (y_0 - y_3)y + (z_0 - z_3)z = k_3 + r_0 r_{30} \end{cases} \tag{5-20}$$

其中

$$\begin{cases} k_1 = \frac{1}{2}\left(r_{10}^2 + K_0 - K_1\right) \\ k_2 = \frac{1}{2}\left(r_{20}^2 + K_0 - K_2\right) \\ k_3 = \frac{1}{2}\left(r_{30}^2 + K_0 - K_3\right) \\ K_i = x_i^2 + y_i^2 + z_i^2 \end{cases} \tag{5-21}$$

可以得矩阵形式的表达式

$$\boldsymbol{AX}=\boldsymbol{F} \tag{5-22}$$

其中

$$A=\begin{bmatrix} x_0-x_1 & y_0-y_1 & z_0-z_1 \\ x_0-x_2 & y_0-y_2 & z_0-z_2 \\ x_0-x_3 & y_0-y_3 & z_0-z_3 \end{bmatrix} \quad X=\begin{bmatrix} x \\ y \\ z \end{bmatrix} \quad F=\begin{bmatrix} k_1+r_0r_{10} \\ k_2+r_0r_{20} \\ k_3+r_0r_{30} \end{bmatrix} \tag{5-23}$$

可见，在观测点坐标合理布置的情况下，使 rank（A）=3，可以直接利用矩阵的伪逆运算求得辐射源坐标的估计值 $\boldsymbol{X}$，即

$$\boldsymbol{X}=(\boldsymbol{A}^T\boldsymbol{A})^{-1}\boldsymbol{A}^T\boldsymbol{F} \tag{5-24}$$

该算法由 Y．T．Chan 于 1994 年提出，故名为 Chan 氏算法，其优点在于能够以代数方法快速找到二次方程组的根。使用 Chan 氏算法的结果作为牛顿拉夫逊迭代的初值，能大大提高迭代效率，减少计算时间，解决了初值不合适导致牛顿拉夫逊法不收敛的情况，有效地提高了定位计算精度。

4．基于系统标定误差的迭代方法

在前述推导中，测量时间都是理论实际值，没有时间误差，因此定位结果也是真实目标源位置的估计值。在实际定位测量中，可能由于测量系统导致一定的时延误差。时延测量的误差可能会导致双曲面方程组没有交点，即定位失败。因此，需要通过对测量系统进行标定，确定测量系统最大的时延误差。

根据标定的最大误差值，可以提出一种新的牛顿拉夫逊迭代计算方法。该算法的基本步骤如下：

（1）通过实验标定测量系统的最大时延测量误差 T；

（2）使用 Chan 氏算法，利用测量时延计算迭代初值；

（3）在测量时延的基础上，叠加时延测量误差 T，从 $\tau_{i0}-\dfrac{T}{n}$ 开始迭代，直到 $\tau_{i0}+\dfrac{T}{n}$ 结束，共得到 $(2n+1)^3$ 个定位结果；

（4）计算所有定位结果的平均值和标准差，分别作为定位结果和定位评价依据。

此算法的物理意义在于将时差双曲面做小小的扰动，以抵消最大时延测量误差对于定位的影响，尽可能减少双曲面无交点情况的发生。算法符合实际情况，在现场和实验室均验证了其正确性和有效性。

5.4.2 特高频定位阵列典型布置方式

根据目前常用的天线阵列布置形式，常用的主要有菱形阵列和星型阵列两种拓扑结构。菱形阵列常用的变体有正方形和矩形；星型阵列常用的变体有T形和等边三角形阵列。

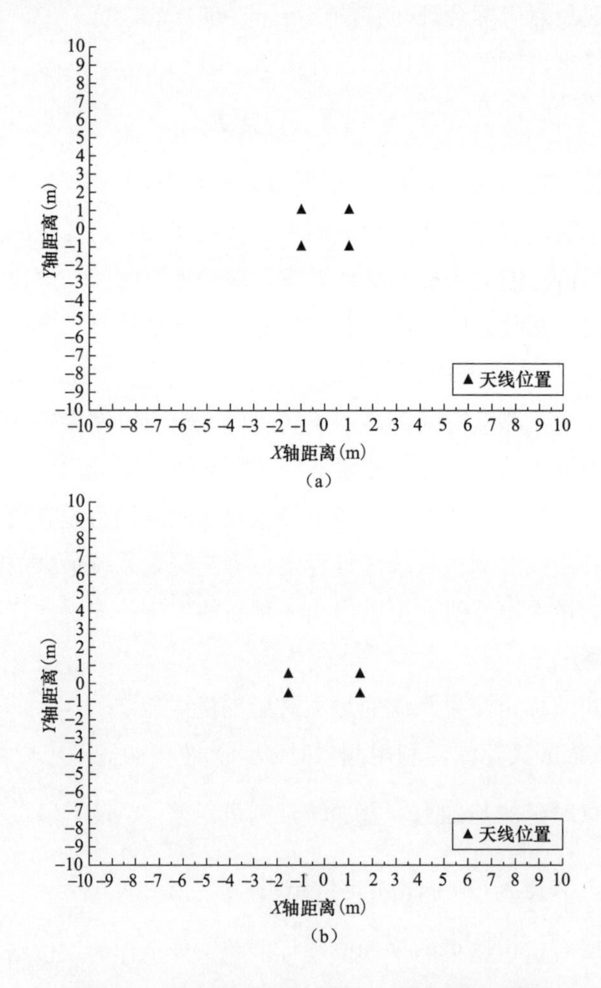

图5-23 正方形与长方形阵列天线位置分布图

（a）正方形阵列天线位置分布图；（b）长方形阵列天线位置分布图

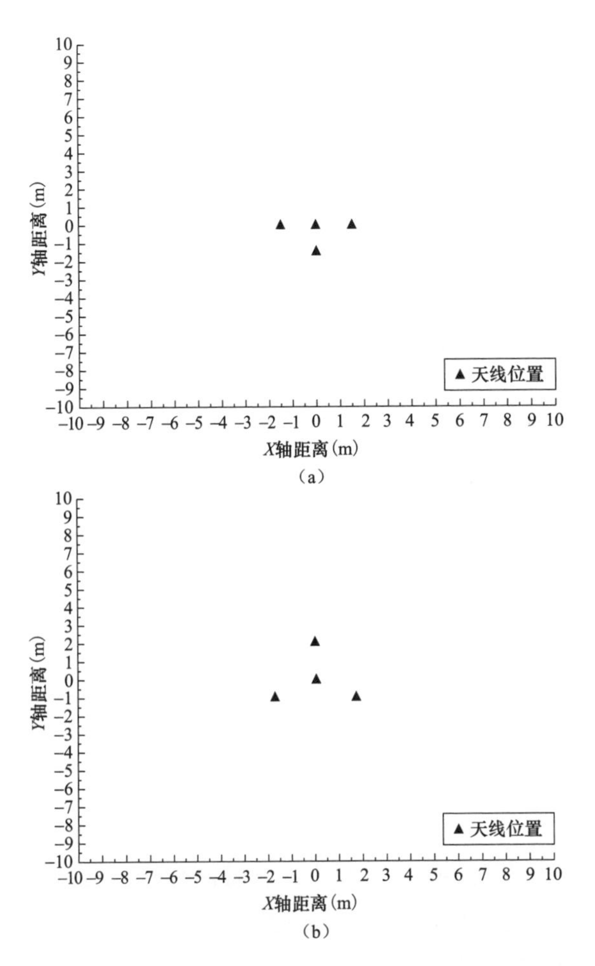

图 5-24 星形（T 形）与星形（等边）阵列天线位置分布图

（a）星形（T 形）阵列天线位置分布图；（b）星形（等边）阵列天线位置分布图

发现不同的阵列形式有如下特点：①菱形布置的阵列分布是互补结构，解得分布没有明显的几何特征，没有办法解决模糊解得判断问题。②正方形和长方形阵列的解的分布和菱形没有根本区别。③星形阵列在基线和天线高度相同的情况下，定位有效区域更大。④T 形阵列的解的分布有规律可循，可以通过选取特定的阵列排布来消除定位解的模糊问题。

经过分析，菱形、星形（等边）和星形（T 形）阵列的在源高度为 4m 时定位精度仿真结果如表 5-8 所示。

表 5-8　　阵列定位性能对比

阵列形式	前方定位视野（有效方位角）	0.1m 精度区域范围（前方有效距离）	效果对比评价
菱形（扁菱形）	±45°	8m	高精度区域很大，但有效方位角小
星形（等边）	±30°	4m	高精度区域较小，方位角小
星形（T 型）	±60°	7m	高精度区域较大，方位角很大

由此可以看出，对于观测点的三种不同布置形式，T 形阵列的定位效果最理想。T 形阵列作为 Y 形阵列的变形，大大提高了 Y 形阵列的有效定位区域。因此对于确定区域的局部放电辐射源定位，T 形阵列有着最好的定位效果。而对于特定方向的定位，菱形阵列也是一种可以选用的布置方式。

5.4.3　特高频定位阵列定位可行性实验

为了检验本书提出的套管局部放电 UHF 定位技术的可行性，实践中在湖南开展了定位实验，依次对套管内气泡放电、油 TA 底座气泡放电、干式 TA 电容芯子松动放电等故障设备进行了定位测试，验证了定位系统的效果。

1．试验简况

此次定位试验使用等角螺旋天线阵列（特高频阵列使用 T 形阵列的布置方式，传感器调整角度正对试品）、四通道等时延放大器、等相位同轴传输线和高速示波器，如图 5-25 所示。

图 5-25　定位天线阵列实物图

由于现场使用天车对试品进行起吊，试品的摆放没有固定位置。每次定位试验前均会对坐标进行测量。试验天线阵列、套管试品的相对关系如图 5-26 所示。

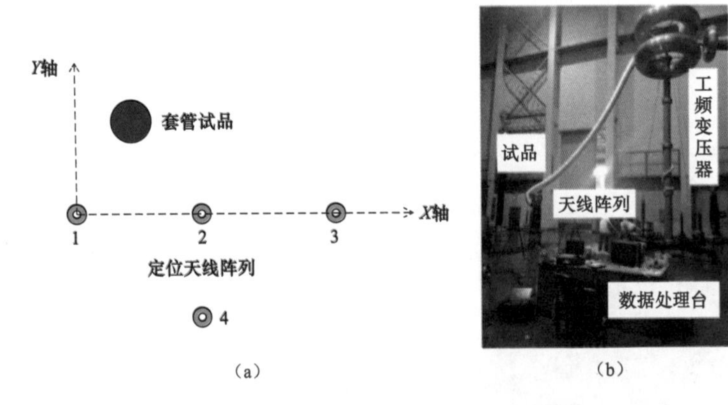

（a）　　（b）

图 5-26　定位天线阵列及试验现场

（a）定位天线阵列示意图；（b）试验现场

整套系统的各通道传输时间差经过了脉冲注入校准，从传感器接收到信号到示波器采集，时延差不超过 0.2nS，该误差在定位计算中被设置为循环迭代的精度偏差。

2．定位结果分析

（1）套管内气泡放电定位。试品套管放在钢制油箱座中。厂家提供的缺陷信息是，套管在加工工艺中没有按规定进行抽真空操作，干燥后直接注油静置，内部气泡悬浮或附在套管的中上部瓷套附近。经过测量，本次定位中天线 1、2、3、4 的坐标分别是（0，0，1.309）、（1.716，0，1.066）、（4.033，0，1.489）、（1.716，−1.560，1.312）。

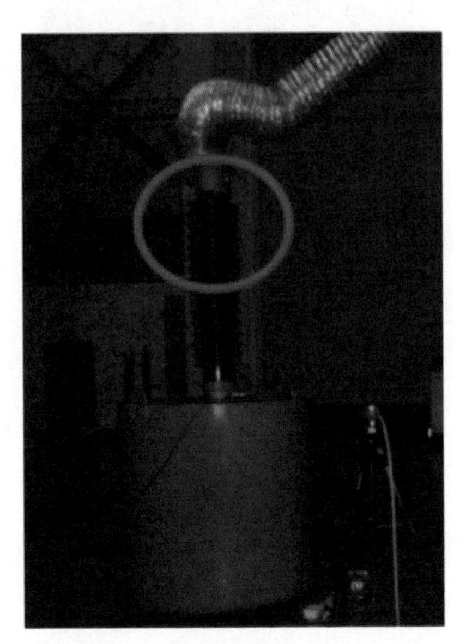

图 5-27　试品缺陷位置示意

套管中心的位置是（0.80，2.60，Z），Z 代表缺陷所在位置。根据测量，瓷套中部位置的高度约为 2.1m 左右。此次测量电压从 0 直接升至 50kV，并分别 50、63、73、80kV 和 87kV 下保持几分钟加压时间。达到 87kV 时，放电信号基本稳定。现场一共测到 2594 组有效四通道定位数据，使用 Labview 编制的最小能量累积法时延读取程序读取出的时延和定位计算结果如表 5-9 所示。

表 5-9　　套管气泡放电时延和定位结果

项目	T12	T13	T14	定位计算结果
数值	0.266ns	4.139ns	4.900ns	（0.8552，2.7750，2.1845）

由于在现场进行波形存储时，4 通道的波形相对关系基本没有大的变化。Labview 读取时延时也反映出了这一点。可以看出，定位结果基本都和（0.80，2.60，2.1）的横纵坐标相符。放电位置的判断和现场人员反映的一致。

图 5-28　油 TA 及缺陷示意图

（2）油 TA 底座气泡放电定位。试品为 110kV 正立油浸电容式电流互感器，由于工艺的问题，套管整体局部放电量超标，套管的缺陷约在瓷套中下部，需经过多组定位试验反复对局部放电源进行定位。经过测量，试品中心的位置坐标是（0.90，2.60，Z），试品瓷套中部高度约为 1.5m。

传感器 1、2、3、4 的坐标分别是（0，0，1.303）、（1.716，0，0.761）、（4.033，0，1.571）、（1.716，–1.560，1.566），对试品加压，保持在 63kV 下进行测量。现场一共测到 535 组有效四通道定位数据，使用 Labview 编制的最小能量累积法时延读取程序读取出的时延和定位计算结果如表 5-10 所示。

表 5-10　　TA 缺陷放电时延和定位结果

项目	T12	T13	T14	定位计算结果
数值	–0.156ns	3.802ns	4.720ns	（1.0471，2.6686，1.3857）

可以看出，定位结果集中在 TA 的中下部。根据现场人员解释，这可能是由于 TA 下部是 U 形载流导体和相应的二次线圈，该部位结构复杂，极易残留气泡导致的。

（3）干式 TA 电容芯子松动放电定位。试品为 110kV 正立干式电流互感器，由于工艺的问题，套管整体局部放电量超标，套管的绝缘有脱落现象，缺陷处于整个浇筑部分，因此可能存在多个放电位置。经过测量，试品中心的位置坐标是（0.90，2.90，Z），套管较宽且不平行于天线阵列，因此套管位置横坐标 X 会有 30cm 的偏差，纵坐标 Y 会有 20cm 的偏差，试品瓷套中部高度约为 1.3m。

图 5-29 干式 TA 及缺陷示意图

此次测量电压从 0 直接升至 73kV，保持几分钟加压时间。放电信号很不稳定。不断调整示波器的触发阈值，可以很明显地捕捉到多种时延组合。现场一共测到 278 组有效四通道定位数据。由于时延波动，机器读取程序无法给出可靠的时延结果，因此只能手动读取。不断改变示波器的触发阈值，得到最显著的三组时延和定位结果如表 5-11 所示。

表 5-11 TA 缺陷放电时延和定位结果

序号 \ 项目	T12	T13	T14	定位计算结果
1	−1.05ns	2.70ns	4.30ns	（1.3370，2.9459，0.4836）
2	−0.20ns	3.05ns	4.55ns	（1.1052，3.1037，1.9949）
3	−0.45ns	3.85ns	4.85ns	（0.9995，2.9770，0.4485）

可以看出，放电信号时延差的波动反映了放电源的多样化。现场人员表示，绝缘脱落的情况极有可能发生在多个位置，这和试验的实际结果相一致。

5.4.4 基于特高频天线阵列的局部放电定位实践

为了验证该检测系统在现场的实际定位效果，开展了广州供电局所属 9 个变电站的现场局部放电检测和定位工作。9 个变电站分别是 220kV JH 站、220kV LC 站，220kV CS 站，500kV BJ 站，220kV LY 站，220kV RB 站（110kV 全

GIS 站），220kV YB 站（110kV 全 GIS 站），500kV GN 站（220kV 全 GIS 站）和 220kV BS 站。现场检测的基本情况如表 5-12 所示。

表 5-12　　现场测试基本情况

站名	检测结果	疑似故障位置
JH	无放电信号，只有通讯干扰信号	—
LC	无放电信号，只有通讯干扰信号	—
CS	无放电信号，只有通讯干扰信号	—
BJ	无放电信号，只有通讯干扰信号	—
LY	110kV 侧 LL 线间隔有信号	5M 侧隔离开关 C 相附近
RB	110kV 侧伍大宝江瑞出线电缆头有信号	C 相电缆出线
YB	无放电信号，只有通讯干扰信号	—
GN	4 号主变压器 35kV 变低电流互感器附近有信号	C 相互感器
BS	220kV MB 甲线间隔有信号； 220kV BL 甲线间隔有信号	MB 甲线 B 相 TA； BL 甲间隔 CVT

现场记录四通道特高频信号，检测时的天线位置、特征设备位置和高度，离开现场后使用开发的计算软件对信号进行离线分析。在现场应用中共检测到 5 个可能的故障位置，并和现场确认 1 处，验证了定位系统的有效性。

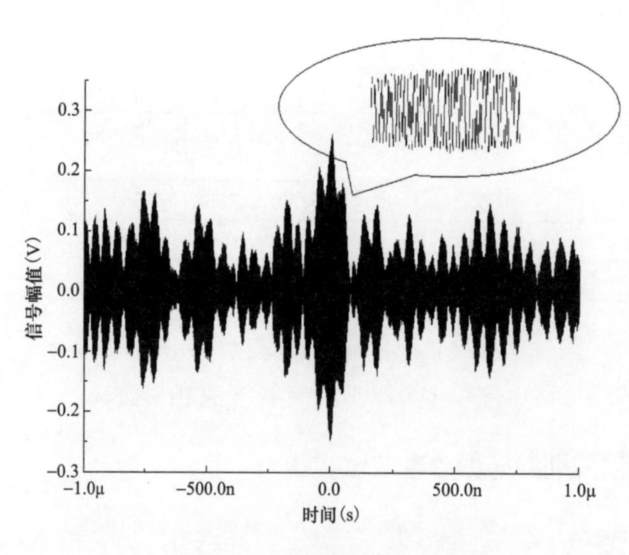

图 5-30　手机通讯干扰信号

1. 定位系统抗干扰方法

在现场应用过程中，定位系统遇到了以下两种类型的干扰信号：

（1）手机通讯干扰。手机通讯信号的基本形式是高频窄带信号，其时域外观为调制正弦波，如图 5-30 所示。

我国手机通讯使用的频段如表 5-13 所示。

表 5-13 **我国手机通讯频带分布**

通讯制式	频段
2G（GSM）	890M～915MHz，925M～960MHz
2G（DCS）	1710M～1785MHz，1805M～1880MHz
3G（联通）	1940M～1955MHz，2130M～2145MHz
3G（电信）	1920M～1935MHz，2110M～2125MHz
3G（移动）	1880M～1920MHz，2010M～2025MHz，2300M～2400MHz
4G（联通）	2300M～2320MHz、2555M～2575MHz
4G（电信）	2370M～2390MHz、2635M～2655MHz
4G（移动）	1880M～1900MHz、2320M～2370MHz、2575M～2635MHz

将频带分布趋势绘制成直观的柱状图，如图 5-31 所示。

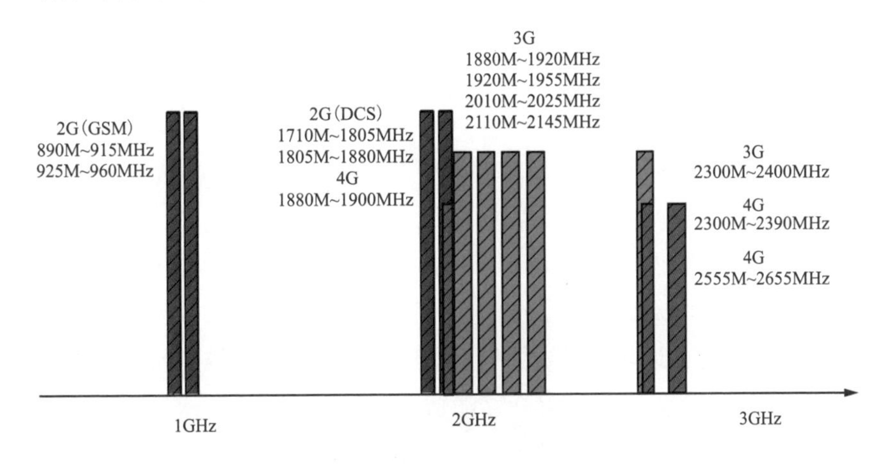

图 5-31 手机通讯信号频带分布图

这类信号的在频域均为窄频带信号。在时域上，其采样时间内脉冲幅值的次数和局部放电信号幅值的次数有很大区别。因此，使用时域信号特征既可以很好区分。在实际定位软件系统设计时，就是根据采样信号中的幅值个数来识别的。经过实际测试，定位计算软件可以很好地自动识别波形特征，从而剔除手机通讯信号。

当手机通讯干扰的幅值较大，示波器触发阈值无法降低时，在现场选用了专门定制的手机信号滤波器。其在 800M～1GHz 和 1.7G～2GHz 有显著的带阻作用，有效地降低了通讯干扰信号的幅值，滤波器外观和增益图如图

5-32 所示。

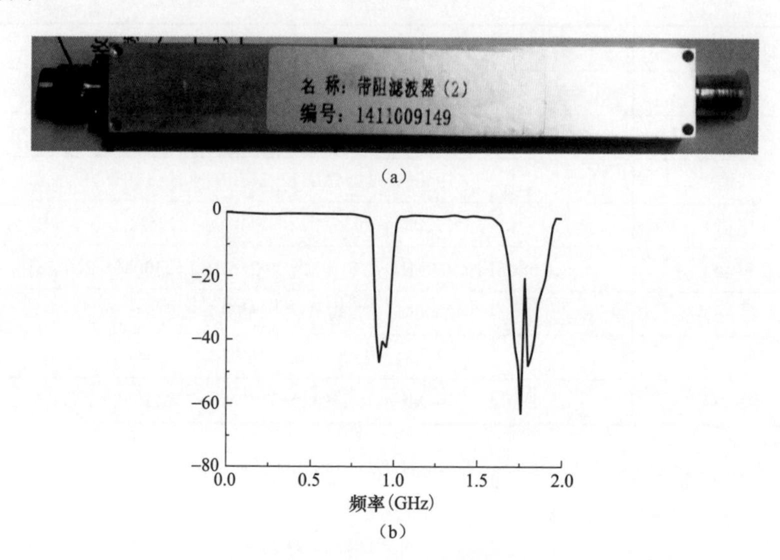

图 5-32　通讯干扰用带阻滤波器

（a）滤波器外观；（b）阻带增益曲线图

（2）脉冲形式的干扰。由于现场存在不同的金属结构，当接地不良时，电场中的金属体可能会发生感应放电。对于定位系统来说，无法从波形特征上来直接区分干扰脉冲和局部放电脉冲。但是，其对应的信号时延却是不同的。

根据脉冲信号到达阵列天线的先后顺序，系统可以大致判断信号的到达方向。当同一方向上的信号可能存在多源放电时，系统可以对信号时延不进行区分，直接进行多源信号的定位计算。在定位结果中，可以直观地看出不同的时延组合对应不同的放电源位置，即通过结果可以直接判断局部放电的可能位置和干扰的可能位置。

2．无疑似放电变电站检测结果

在检测的 9 所变电站中，其中 JH、LC、CS、BJ 和 YB 站没有检测到疑似局部放电的脉冲信号。在现场仅采集了站内的手机通讯干扰信号，典型的手机信号波形图如图 5-33 所示。

可以从波形图看出，通讯干扰呈现出调制正弦波的基本时域特征。根据傅里叶频谱可以看出，信号明显聚集在 800M～1GHz，1.7G～1.9GHz，2.1GHz 和 2.5GHz 附近，其中以前两个频段内居多。

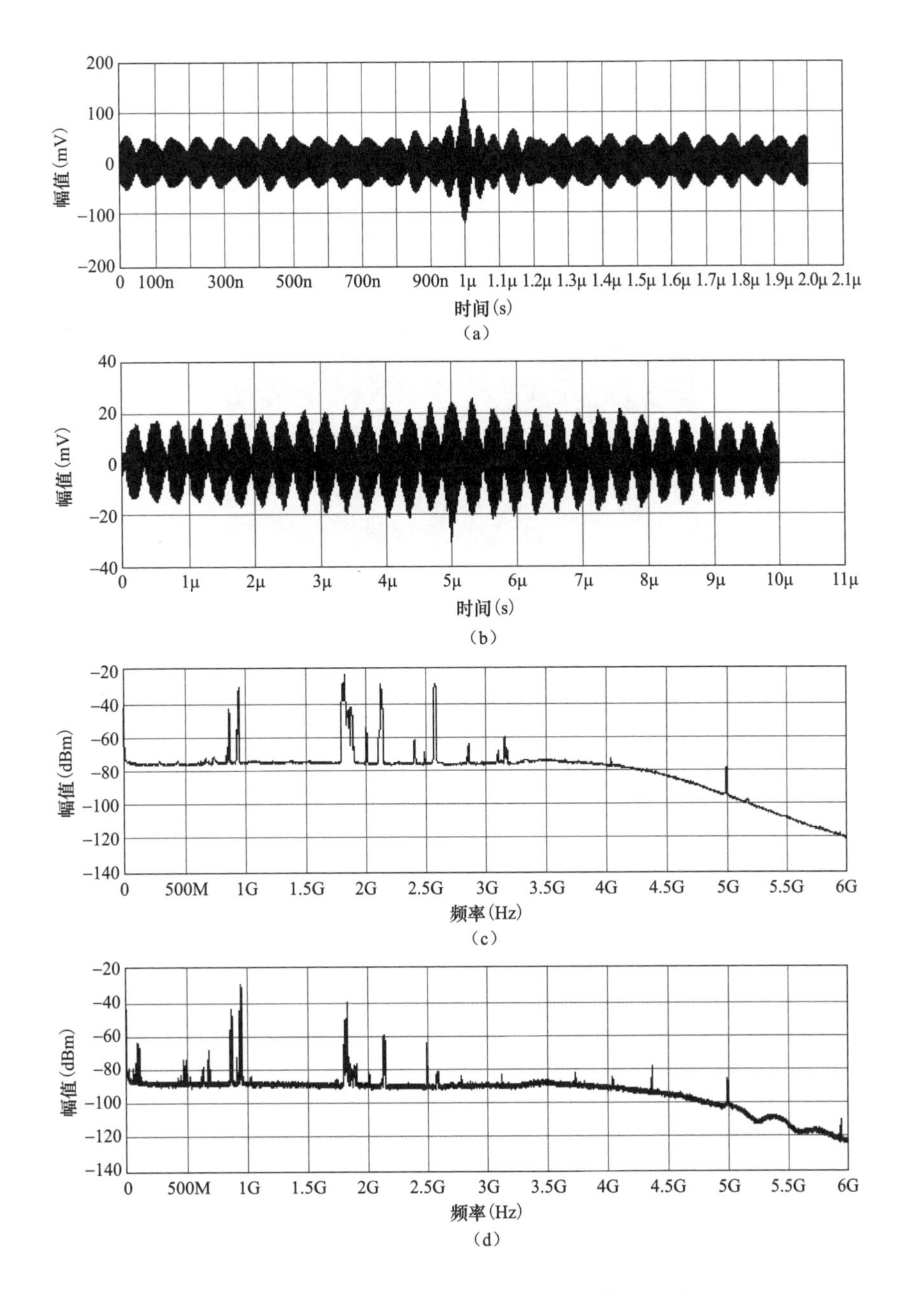

图 5-33 通讯干扰信号时域波形和频谱分析结果

(a) 时域波形图 1（通道 1 偏差 50%内的波形的平均后的波形）；(b) 时域波形图 2（通道 1 偏差 50%内的波形的平均后的波形）；(c) 频谱分析图 1（原始信号傅里叶频谱的平均）；(d) 时域波形图 2（原始信号傅里叶频谱的平均）

3．LY 站测试数据分析

LY 站位于广州市郊区，电压等级为 220/110/10kV。在变电站测试的现场图如图 5-34 所示。

图 5-34　LY 站现场测试图

LY 站内在 110kV LL 线间隔发现疑似放电一处。采集放电信号后对信号进行频谱分析，如图 5-35 所示。

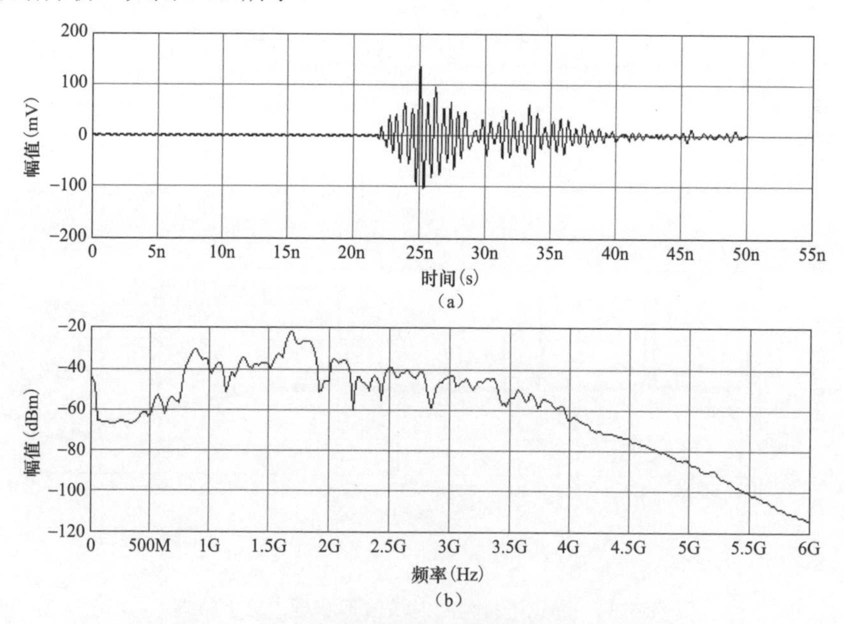

图 5-35　LY 站放电信号时域波形和频谱分析结果

(a) 信号时域波形（通道 1 偏差 50%内的波形的平均后的波形）；

(b) 频谱分析图（原始信号傅里叶频谱的平均）

可以看出，该信号的波形和频谱与手机信号完全不同。为了选择天线阵列布置位置，使用两只特高频天线反复对放电源方向的粗略判断，最终将放电确定在LL线间隔内部。因此，在LL线的两侧和旁边分别进行三次定位计算，得到三组定位结果。定位阵列位置如图5-36所示。

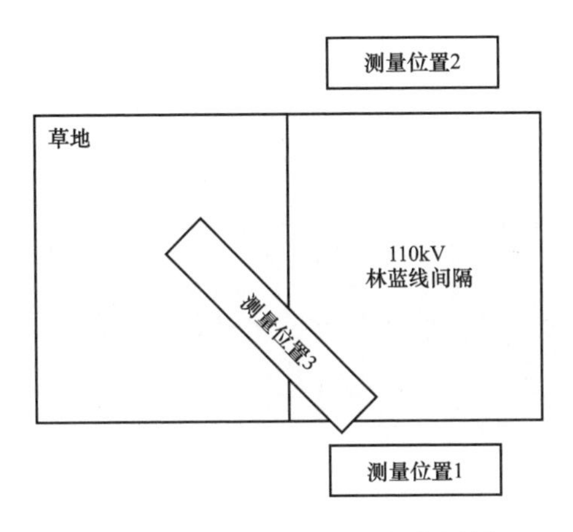

图5-36　LY站110kV测量位置图

三次测量的阵列位置和计算结果如表5-14所示。

表5-14　　LY站定位计算结果

测量次数	传感器坐标（m）				信号时延（ns）	定位计算结果（m）
1	1号	0	0	1.08	（−2.40，2.40，10.06）	（4.08，13.84，5.41）
	2号	5	0	1.58		
	3号	10	0	0.79		
	4号	5	−4.3	1.60		
2	1号	0	0	0.67	（−4.90，2.94，4.30）	（3.89，5.14，5.25）
	2号	4.5	0	1.54		
	3号	9	0	0.5		
	4号	4.5	−2.8	1.25		
3	1号	0	0	0.62	（−10.10，9.15，1.70）	（3.24，2.49，4.97）
	2号	4.5	0	1.48		
	3号	7.7	0	0.5		
	4号	4.5	−3.6	1.29		

根据现场测量，定位结果在C相隔离开关附近，该隔离开关带电但未合上母线。从第一次测量的角度看到的设备如图5-37所示。

图5-37　第一次定位结果视角图

由于该间隔设备较多，电磁波绕射现象比较严重，因而三次定位结果稍有不同。根据实际测量，三次定位的结果都集中在该C相隔离开关附近的设备上。因此为了确定信号的真正来源，将天线支架放低，放到隔离开关下面的草坪上进行简单测向定位，如图5-38所示。

图5-38　隔离开关定向测试天线布置

测试人员在现场不断移动各个传感器的位置，最终根据特高频信号等时延差方法进行测向，确定信号是来自C相隔离开关（靠近10kV厂房一侧母线下），如图5-37所示。

综上，在LY站的测试表明，LL线110kV母线（靠近10kV厂房一侧5M母线）下LL线隔离开关附近有放电发生。

4．RB站测试数据分析

RB站位于广州市区，电压等级为220/110/10kV，其中110kV侧为全GIS设备。在变电站测试的现场图如图5-39所示。

图5-39 RB站现场测试图

RB站内发现可以放电信号一处。采集放电信号后对信号进行频谱分析，如图5-40所示。

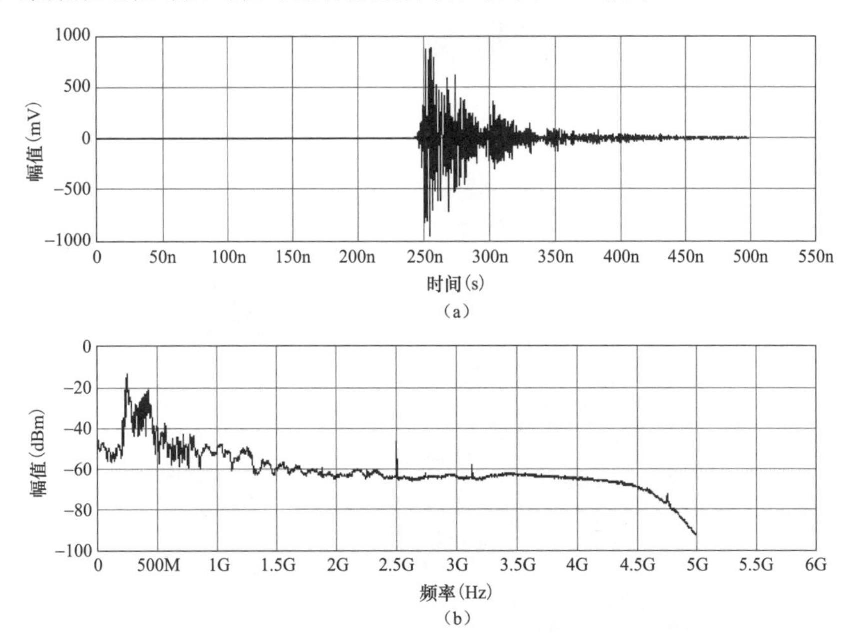

图5-40 RB站放电信号时域波形和频谱分析结果

（a）时域波形图（通道1偏差50%内的波形的平均后的波形）；

（b）频谱分析图（原始信号傅里叶频谱的平均）

可以看出，该信号的波形和频谱与手机信号完全不同，相比 LY 站的波形频谱，信号的低频成分更强一些。保持天线之间距离差为 3m 不变，经过不断移动四只天线的位置，不断用示波器观察通道时延，使得天线之间时延差为 10.0nS 左右时的方向，即为来源信号的大致方向，定位阵列位置如图 5-41 所示。

图 5-41　RB 站定向测试天线布置图

此时，天线阵列正对伍大宝江瑞线 B 或 C 相电缆出线套管。因此，将阵列按照图 5-42 图中的形式布置在该间隔旁边。

图 5-42　定位天线阵列示意图

测量的阵列位置和计算结果如表 5-15 所示。

表 5-15　　　　RB 站定位计算结果

测量次数	传感器坐标（m）				信号时延（ns）	定位计算结果（m）
1	1 号	0	0	1.29	（0.12，3.88，3.36）	（0.00，2.68，3.52）
	2 号	2.2	0	1.58		
	3 号	4.4	0	0.5		
	4 号	2.2	−2.2	1.33		

根据现场实际测量，C 相套管的实际位置为（0，2.35），套管顶部的高度约 4m，因此可以确定疑似故障就在 C 相套管本体上，如图 5-42 圈中所示。经过和现场变电人员交流，他们在早上刚刚测量过该出线的接地电流，也发现 C 相有异常。这说明本系统的检测结果是可靠的。

5．GN 站测试数据分析

GN 站位于番禺区，是广州南部重要的 500kV 变电站。电压等级为 500/220//35/10kV，共有 4 台主变压器，其中 220kV 侧为全 GIS 设备。在变电站测试的现场图如图 5-43 所示。

图 5-43　GN 站现场测试图

GN 站内发现可以放电信号一处。采集放电信号后对信号进行频谱分析，如图 5-44 所示。

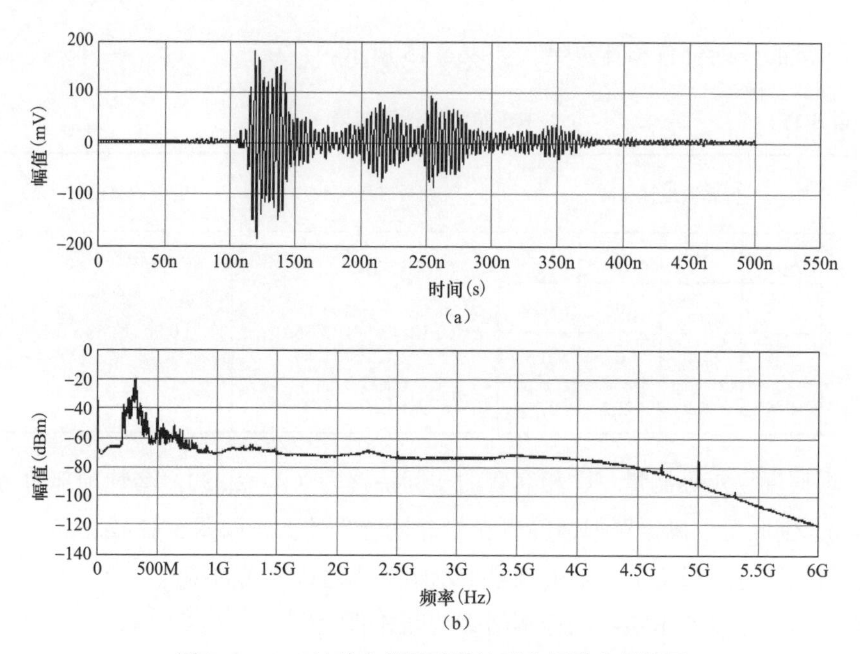

图 5-44　GN 站放电信号时域波形和频谱分析结果

（a）时域波形图（通道 1 偏差 50%内的波形的平均后的波形）；

（b）频谱分析图（原始信号傅里叶频的平均）

可以看出，该信号的波形和频谱与手机信号完全不同。利用简单测向对放电源方向进行查找，最终确定在 4 号主变压器 35kV 变压器低压侧电流互感器附近，如图 5-45 所示。

图 5-45　GN 站疑似放电信号互感器间隔

根据现场实际摆放了天线阵列，时延和定位计算结果如表 5-16 所示。

表 5-16　　GN 站定位计算结果

测量次数	传感器坐标（m）				信号时延（ns）	定位计算结果（m）
1	1 号	0	0	0.8	（–4.03，–5.43，2.83）	（5.30，6.51，2.28）
	2 号	4	0	1.58		
	3 号	8	0	0.5		
	4 号	4	–4	1.54		

根据现场测试，C 相 TA 的平面位置约为（5.6，7.0），高度约 2.5m。可以看出，该 35kV 互感器可能出现了局部放电故障。根据现场人员的运行经验，35kV 互感器的故障率较高，且出现故障后很长一段时间可以继续保持运行。

6．BS 站测试数据分析

BS 站位于番禺区，电压等级为 220/110/10kV，在变电站测试的现场图如图 5-46 所示。

图 5-46　BS 站现场测试图

将天线阵列放在主变压器前时，明显能接收到两组比较明显的不同时延的放电信号。经过仔细测向排查，发现 220kV MB 甲线和 BL 甲线间隔处有较大的放电信号。经过仔细测向排查，发现疑似 MB 甲线电流互感器和 BL 甲线 CVT 有疑似放电信号。采集放电信号后对信号进行频谱分析，如图 5-47 所示。

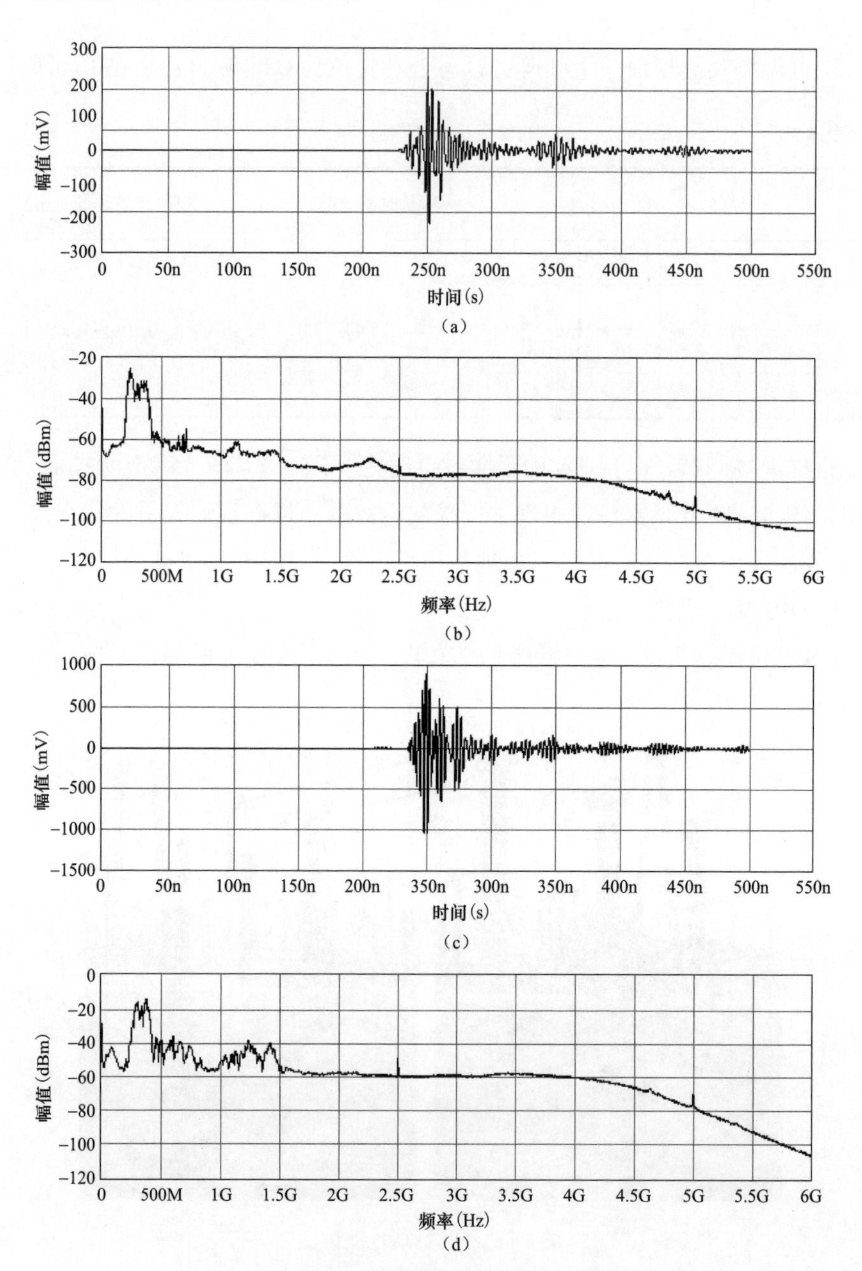

图 5-47 BS 站放电信号时域波形和频谱分析结果

(a) TA 信号时域波形图（通道 1 偏差 50%内的波形的平均后的波形）；(b) TA 信号频谱分析图（原始信号傅里叶频谱的平均）；(c) CVT 信号时域波形图（通道 1 偏差 50%内的波形的平均后波形）；(d) CVT 信号频谱分析图（原始信号傅里叶频谱的平均）

根据现场实际摆放了天线阵列，两个疑似间隔时延和定位计算结果如表5-17所示。

表 5-17　　BS 站定位计算结果

测量次数	传感器坐标（m）				信号时延（ns）	定位计算结果（m）
1（TA）	1号	0	0	0.8	（-4.01，5.44，10.5）	（2.9290，3.7983，3.8435）
	2号	4	0	1.58		
	3号	8	0	0.85		
	4号	4	-4.6	1.50		
2（CVT）	1号	0	0	0.7	（-5.38，-2.35，11.21）	（5.8235，9.0660，4.3030）
	2号	4.5	0	1.58		
	3号	9.5	0	1.05		
	4号	4.5	-5.5	1.45		

根据现场测量，TA的实际平面坐标为（3，4.3），套管底座高度为3.3m，说明可能是MB甲线和B相TA出现了局部放电故障；CVT的实际平面坐标为（6.4，9.5），套管底座高度约3.0m，说明可能BL甲线CVT顶部出现了局部放电故障，如图5-46中红圈所示。

6　局部放电检测装置性能校验技术

6.1　研　究　现　状

2015 年，我国已初步建成输变电设备状态监测系统，推广在线监测和带电检测等不停电检测技术，为输变电设备状态评价和制订状态检修策略提供重要依据，是开展设备状态管理的重要技术手段。然而，由于监测或检测手段不科学，方法不当，数据分析不够深入等原因，实际检修中设备仍存在一定的盲检率，且在执行中还存在标准不高、手段不健全、技术标准不够完善等问题。尤其是输变电设备状态监测系统建设中，一方面接入数据量还需逐步扩充；另一方面对关键数据的高级分析挖掘能力还急需深入研究整合。

不停电检测技术逐步在欧美一些发达国家普及，检测对象覆盖了主要输变电设备。目前比较成熟的带电检测技术包括红外成像测温技术、超声波/超高频局部放电测试仪技术、SF_6 分解物检测技术、避雷器阻性电流检测技术、变压器油色谱在线监测技术、变压器铁芯电流监测技术等。不停电检测正在逐步取代停电试验，不停电检测技术的发展推动了电网检修管理变革，状态检修、可靠性检修已成为欧美一些发达国家采用的主要检修模式，主要通过不停电检测，开展设备状态评价、风险评估，制订相应的检修策略。

国家电网公司自 2007 年起开始全面推广实施设备状态检修工作，已正式出台了一系列状态检修管理、技术、工作标准，但由于经验问题，技术标准未完全涵盖所有不停电检测技术，技术标准所确定的设备状态量还不能完全满足设备评价中一些关键问题的分析，研究主要围绕不停电检测技术的各项指标，综合考虑设备的历史缺陷、统计性故障率，通过反演计算设备实际状态量及检修策略。

测量电力设备绝缘性能检测主要以局部放电量来衡量，主要有电脉冲法、超声波法、超高频法等。电脉冲法是一种比较成熟的局部放电检测手段，它利用贴在设备外壳上的电容电极耦合探测局部放电在导体芯上引起的电压变化。该方法结构简单，便于实现。但因设备本身结构及电脉冲法检测的技术特点等原因，在现场测试时，电脉冲法不会被很好的采用。超声波法是通过接收设备局部放电时声波微小的间断压力信号，判断局部放电电位置和局部放电性质，测试点布置较灵活，能近距离测试，测试灵敏度较好，抗电磁能力强，成本低，适应于现场测试。超高频法是利用传感器接受局部放电所激发的电磁波，并对电磁波进行分析的一种方法，实际使用过程中超高频法的优点是能适应各种放电类型，灵敏度高，应用情况广泛。

另外，还有一些局部放电检测技术手段如化学检测法、光学检测法等，可以通过对电力设备内部一些化学、光学的成分变化来分析设备是否发生了局部放电现象。

通过电力设备局部放电检测实验模型研究，模拟各类设备实际运行中的多种绝缘缺陷，采用多种检测手段，使模拟试验与现场实际试验进行数据、图谱对比，可确切地了解设备运行状况，识别存在的故障，从而采取必要的措施，更好的为实际生产、试验以及电网设备检修提供依据，克服现场环境的约束，提高检修效率，节省检修费用。

6.2 局部放电带电检测装置性能校验技术及原理

6.2.1 超声波检测法

局部放电是不断积累的过程，最终会导致设备绝缘层的损坏，不仅造成停电，还可能危及人员安全，局部放电主要以电磁形式、声波形式和气体形式释放能量。目前，带电局部放电检测主要采用非嵌入式局部放电检测方法，该方法主要通过检测局部放电所发出的超声波来实现局部放电的非嵌入式检测。

6.2.1.1 超声波的产生

局部放电时总会伴随声发射现象，其产生的声波在各个频段均有散射。一般认为，当局部放电发生后，由于电场力、压力的作用，放电部位的气泡会发生膨胀和收缩，此过程会引起局部体积变化，这种体积的变化，在外部产生疏密波，即产生超声波。

从物理角度分析，当局部放电发生时，气泡将会受到一个脉冲电场力的作用，同时，由于放电过程中存在较大的热辐射，通道中的电弧电流产生的高温将会在气泡内产生一定的压力。因此，局部放电过程中影响气泡产生超声波的因素主要有两个：一是放电时刻的电场力，在较低电压情况下，气泡在脉冲电场力的作用下将产生为衰减的振荡运动，在气泡振动的作用下，周围的介质中将产生超声波；二是放电后产生的热辐射引起气泡膨胀而产生的压力，在实际的局部放电中，超声波的产生往往是以上两种因素同时作用的结果。

6.2.1.2　*超声波检测技术*

采用仪器探测、记录、分析声发射信号，利用声发射信号推断声发射源的技术称为声发射检测技术，其原理如图 6-1 所示，声发射源发出的弹性波，经介质传播到达被检物体表面，引起表面的机械振动，经声发射传感器将表面的瞬态位移转换成电信号，再经放大、处理后，形成其特性参数，并被记录与显示，最后经数据分析评定出声发射源的特性。

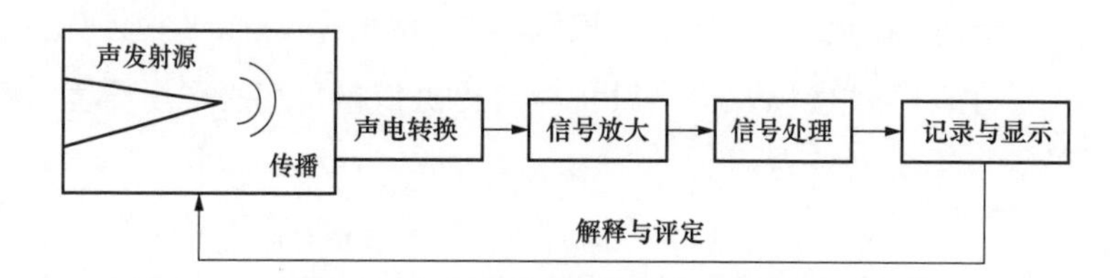

图 6-1　声发射检测技术的基本原理

通过检测局部放电产生的超声波信号来判定局部放电的方法称为局部放电的超声波检测法。超声波传感器的中心频率大约在 40kHz 附近，通常固定在被检测开关柜的外壳上，当其内部发生放电时，局部放电产生的超声波信号传递到开关柜表面时，由超声波传感器将超声波信号转换为电信号，并进一步放大后传到采集系统，实现局部放电检测。同时，可通过在开关柜表面布置多个声发射传感器组成定位检测阵列，通过计算声发射信号到达各个传感器的时差就可以对放电部位的三维位置进行定位。

超声波检测最明显的优点是没有强烈的电磁干扰，缺点是开关柜内部游离颗粒对柜壁的碰撞对检测结果造成干扰，同时，开关柜内部绝缘结构复杂，超声波衰减严重，导致绝缘内部发生放电时无法检测。

6.2.1.3 设计原理

超声波检测原理如图 6-2 所示，随着放电的发生，产生的超声波信号很快向四周介质传播，超声波信号通过超声波传感器中的压电晶片将转换为电信号，对相应电信号进行采集分析，确定设备内的局部放电情况。

根据该原理，设计以下检测校验方案：以声发射系统作为放电源，以各个频率的超声波换能器为发射装置，用标准测量系统和被测系统同时测量，根据不同的被试设备选择不同的传导路径，用于检测 SF_6 气体绝缘电力设备时，其试验宜采用图 6-3（a），用于检测充油电力设备时，其试验宜采用图 6-3（b），非接触式超声波传感器试验采用图 6-3（c）。

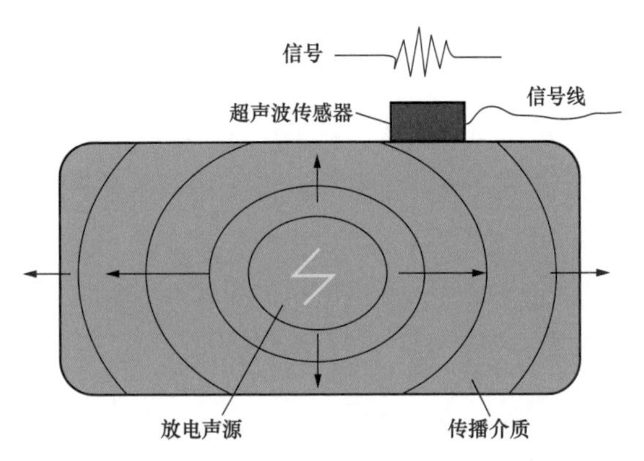

图 6-2 超声波法检测原理图

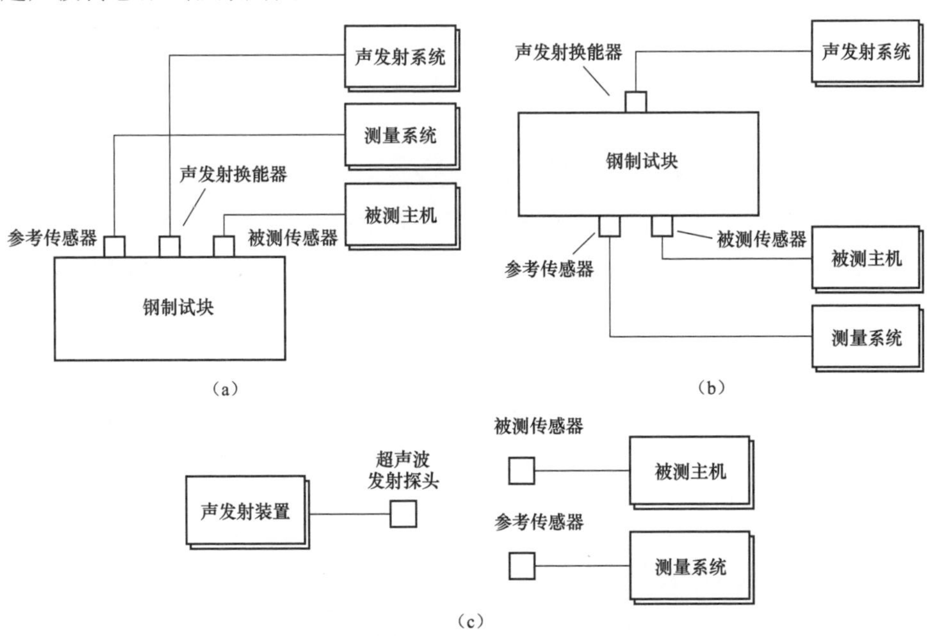

图 6-3 超声波法试验原理接线图

（a）表面波试验接线图；（b）纵波试验接线图；（c）非接触式超声波传感器试验接线图

6.2.1.4 性能检测

1．灵敏度检测

（1）传感器连同测试主机的灵敏度检测。声发射系统输出一组信号幅值适当的正弦波信号并维持幅值大小不变，在20k～200kHz频率之间改变正弦信号频率，同时更换相应的超声波换能器，测得被测传感器和参考传感器的频率响应。在被测主机上找到响应最好的频率点，即主谐振频率。在该频率下慢慢降低正弦波信号的幅值，能检测到的最小信号值即该被测传感器的峰值灵敏度。分段多次重复以上过程，多个峰值灵敏度求平均即均值灵敏度。

（2）传感器灵敏度检测。被测传感器与参考传感器接入同一主机系统。方法与传感器连同测试主机的灵敏度检测一致。

2．频带检测

将正弦信号发生器输出信号幅值调至适当大小并维持不变，在20k～200kHz之间改变正弦波的频率，找出被测仪器输出信号基本恒定区域中的峰值频率，以此为基准频率。

降低正弦波信号的频率，并保持电压幅值不变，找出被测仪器归一化显示值到0.707时的频率点，此点即为实测的下限截止频率。同理找出实测的上限频率。根据说明书参数即可计算上、下限截止频率的误差。

3．线性度误差检测

调节声发射系统幅值使局部放电检测仪输出值大于等于60dBμV，记录参考传感器的输出峰值电压和局部放电检测仪输出值。依次降低声发射系统幅值，使参考传感器输出电压峰值按比例变化，记录局部放电检测仪输出的响应示值，即可计算其线性度误差。

4．量值标定

量值标定采用分段标定的方法，在每一频段上选一频率点通过被测传感器与标准参考传感器的同时测量，即可用标准参考传感器在测量系统上的示值来标定被测主机所测得的量值。

6.2.2 特高频法

特高频法是通过装设在电气设备内部或外部的特高频天线传感器，探测电气设备局部放电引起的300～3000MHz频段的特高频信号进行检测和分析。该方法可避开一部分电晕干扰，但不能完全消除，该方法也可对局部放电进行定位。局部放电特高频法具有以下特点：

（1）传感器接收特高频信号，避开了电网中主要的电磁干扰，具有良好的抗电磁干扰能力。

（2）根据电磁脉冲信号在电气设备内部传播的特点，利用传感器接收信号的时间差，可进行故障源定位。

（3）根据放电脉冲的波形特征和特高频信号的频谱特征，可进行故障类型识别。

（4）特高频传感器相对于振动检测法而言，其局部放电有效检测范围更大，因此需要安装传感器的检测点相对减少。

6.2.2.1 设计原理

局部放电是电气绝缘中局部区域的电击穿，不同类型局部放电具有不同的电击穿过程，产生不同频率和幅值的电磁波信号。通过特高频传感器检测电气设备局部放电时产生的超高频电磁波信号，从而获得局部放电的相关信息，进行电气设备局部放电的检测和定位。检测原理如图 6-4 所示。

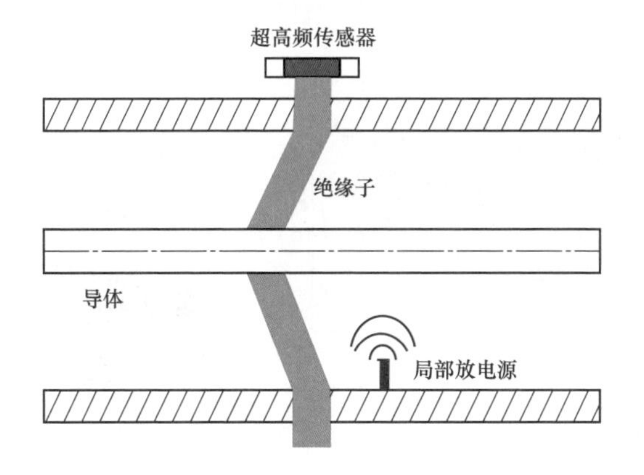

图 6-4 超高频法局部放电测试仪原理图

根据该原理，设计以下检测方案：将高频信号发生器产生的可调高频信号经过脉冲调制器转变成图 6-5 所示的窄脉冲，（窄脉冲更接近真实放电脉冲，可调节脉冲宽度和占空比），再通过宽带天线在吉赫兹横电磁波室（GTEM 小室）内发射，在 GTEM 小室内建立脉冲电磁场，在 GTEM 终端开了一个测试窗口，并用聚四氟乙烯盖板覆盖，待测传感器放置于盖板上接收信号，GTEM 小室测试区的场分布必须满足图 6-6 所示的场均匀性。

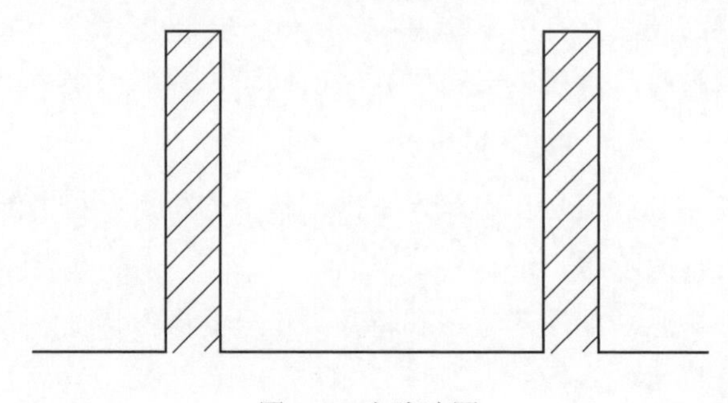

图 6-5　窄脉冲图

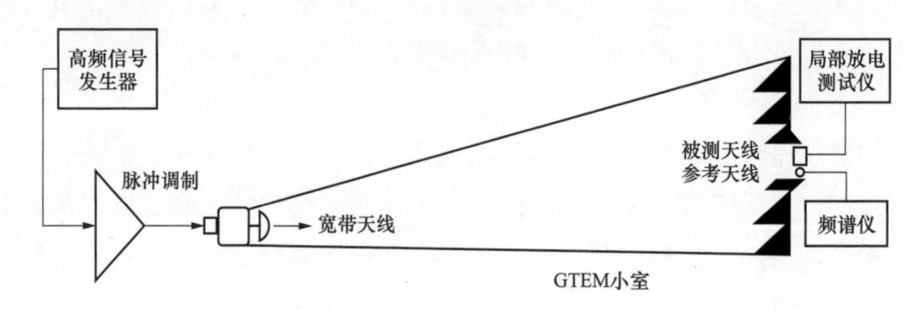

图 6-6　超高频法试验原理接线图

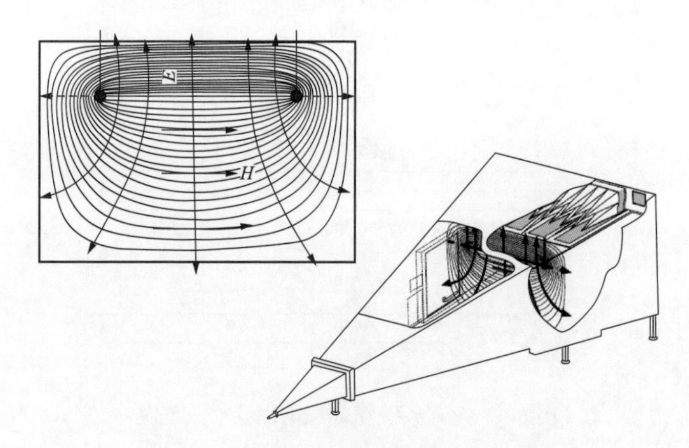

图 6-7　GTEM 小室测试区电场分布图

GTEM 小室根据同轴及非对称矩形传输线原理设计，其输入端多采用 N 型同轴接头，同轴接头内导体展平成为一块扇形板，称为芯板，在 GTEM 室内芯板和底板之间形成矩形均匀场区。GTEM 小室终端采用 50Ω 无感电阻进行匹配，同时装有尖劈状的吸波材料以进一步消除终端反射。

6.2.2.2　结构图示

GTEM 小室是根据同轴及非对称矩形传输线原理设计而成的设备，为避免内部电磁波的反射和谐振，GTEM 小室在外形上被设计成尖锥形，其输入端采用 N 型同轴接头，随后中心导体展平成为一块扇形板，称为芯板。在小室的芯板和底板之间形成矩形均匀场区。为了使球面波（严格地说，由 N 型接头向 GTEM 小室传播的是球面波，但由于所设计的张角很小，因而该球面波近似于平面波）从输入端到负载端有良好的传输特性，芯板的终端因采用了分布式电阻匹配网络，从而成为无反射终端。GTEM 小室的后盖板还贴有吸波材料，用它对高端频率的电磁波作进一步吸收，因此在小室的芯板和底板之间产生了一个均匀场强的测试区域。试验时，试品被置于测试区中，为了做到不因试品置入而过于影响场的均匀性，试品以不超过芯板和底板之间距离的 1/3 高度为宜。GTEM 小室结构如下图 6-8 所示。

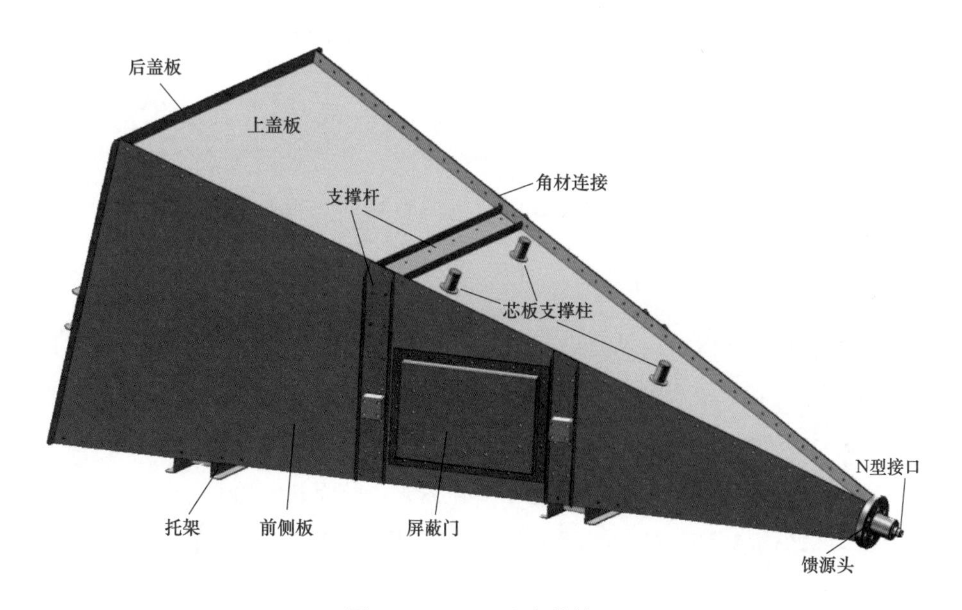

图 6-8　GTEM 小室结构

6.2.2.3　性能检测

1．灵敏度检测

（1）传感器连同测试主机的灵敏度检测。特高频法需检测 300M～1500MHz 的信号，在进行传感器连同测试主机的灵敏度检测过程中，将整个频段分为 5

小段或者10小段来分别测量。在选择的一小段频率内，将高频信号发生器输出信号的频率调节至该小段幅值最高的位置并维持不变，调节信号发生器输出信号的幅值，在被测主机上找到能检测到的最小信号值，即该小段的峰值灵敏度。

对300M～1500MHz范围内的每一小段，重复以上测试过程，将每小段的峰值灵敏度求平均，即测量仪器在300M～1500MHz范围内的均值灵敏度。

（2）传感器灵敏度检测。测试接线图如图6-9所示。

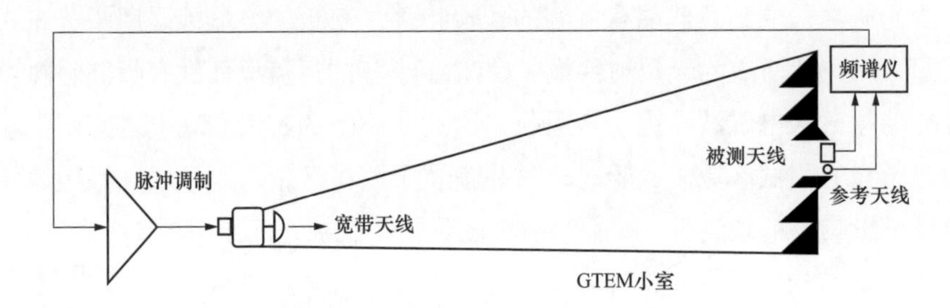

图6-9　超高频法传感器灵敏度试验接线图

频谱仪发射300M～1500MHz的正弦波信号，经调制后通过GTEM小室内的宽带天线发射，放置在终端的被测天线接收，信号传回频谱仪扫频分析，即可得到该被测天线的幅频特性曲线图。同时也可通过标准参考天线与被测天线做对比。

2．频带检测

将高频信号发生器经调制后输出的窄脉冲信号幅值调至适当大小并维持不变，在说明书中给出的上下限截止频率之间改变信号的频率，记录各频率点下局部放电检测仪测得的信号幅值。

在测得的信号幅值中找一稳定幅值作为归一化基准，在所有测量点中找出归一化结果小于0.707的点，该点数占所有测试点数的比例即检测频带误差。

3．线性度误差检测

测试接线图如图6-9所示，频谱仪的测量值作为标准值。将特高频信号发生器输出信号的频率固定为300M～1500MHz的某一频率，调节信号幅值使超高频局部放电测试仪仪输出大于等于30dBm，记录此时频谱仪测量值和局部放电测试仪测量值；降低高频信号发生器输出信号幅值，使频谱仪测量值按比例变化，记录局部放电测试仪输出的相应示值，即可计算其线性度误差。

4. 量值标定

量值标定采用分段标定的方法，在每一频段上选一频率点通过被测传感器与标准参考传感器的同时测量，即可用标准参考传感器在频谱仪上的幅值来标定被测主机所测得的量值。

6.2.3 高频电流法

高频电流法利用高速数据采集技术，可准确地记录单个脉冲的局部放电脉冲电流波形，利用现代计算机强大的处理能力，根据放电信号与干扰信号在脉冲波形特征和相对于工频试验电压相位的差异来分离放电信号与干扰，进而进行放电的定量与放电模式识别，为状态检修提供有效依据。

6.2.3.1 设计原理

高频局部放电检测仪通过高频传感器收集电力设备局部放电时发出的入地高频信号，检测信号的幅度、相位、频率、噪声等，以及与运行电压之间关系，可以有效反映变压器等电力设备绝缘缺陷程度与位置，如局部放电缺陷、悬浮电位缺陷和松动缺陷等。

根据该原理，设计了以下校验方案：以信号发生器发出的可调信号为信号源，通过接地电缆及50Ω匹配电阻接地。通过被接地电缆穿过的高频传感器检测入地高频信号的幅度、频率，原理图如图6-10所示。

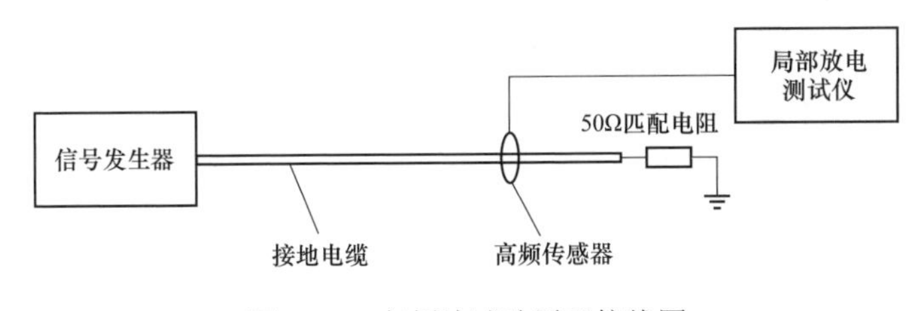

图6-10 高频法试验原理接线图

6.2.3.2 结构图示

根据高频电流法的检测原理及接线原理图，考虑装置的便携性、安全性、可操作性，设计了图 6-11 所示的高频局部放电测试仪考核校验装置三维结构图。根据高频局部放电信号特点以及校验要求，该装置必须具备以下要求。

（1）传感器测量：标准按照JBT 7490—2007《霍尔电流传感器》要求测试。

（2）整体测量：该装置可同时输入标准方波信号、正弦波信号以及标准放电波形，适应不同种类的高频传感器各项性能测试。

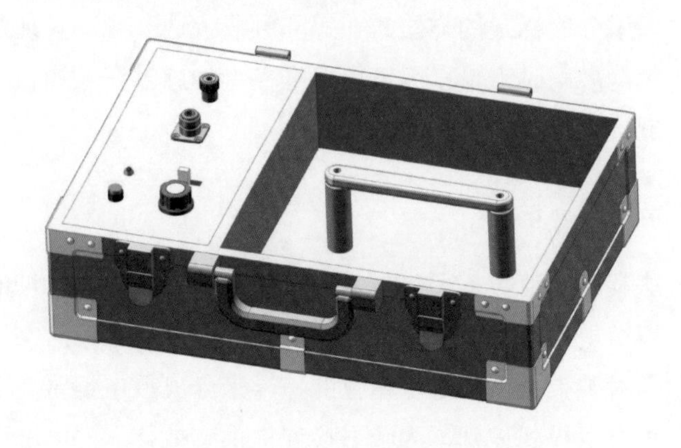

图 6-11　高频局部放电考核校验装置三维结构图

（3）测试数量：根据测试要求，该装置至少能同时校验 5 个高频传感器，用于同时对比测试。

（4）测试界面：进行高频传感器校验时，所有操作均在 PC 端，并由 PC 端控制其信号的发出与接收。

6.2.3.3　性能检测

1．灵敏度检测

在 300k～30MHz 范围内，将信号发生器输出信号的频率调节至适当大小并维持不变，调节信号发生器输出信号的幅值，观察局部放电检测仪检测到的信号，找出局部放电测试仪在该频率下能检测到的最小信号值，即该频率下的灵敏度。

在 300k～30MHz 范围内改变高频信号发生器输出信号的频率，重复以上测试过程，所得的多个灵敏度值求平均即得该测量仪器在该频率范围内的均值灵敏度。

2．频带检测

将信号发生器输出信号幅值调至适当大小并维持不变，在规定的上下截止频率之间改变正弦波的频率，找出待测仪器输出信号基本恒定区域中的频率，以此作为基准频率。

降低正弦波信号的频率，并保证输出电压幅值不变，找出被测仪器归一化输出降到 0.707 时的频率点，此点即为实测的下限截止频率。同理找出实测的上限频率。根据说明书参数即可计算上、下限截止频率的误差。

3．线性度误差试验

测试时设置信号发生器输出正弦信号的频率固定为300k～30MHz之间的某一频率值，调节信号幅值使局部放电测试仪输出大于等于30dB，记录信号发生器峰值电压和局部放电测试仪测试值；按比例降低信号幅值，记录局部放电测试仪输出的相应示值，即可计算其线性度误差。

4．量值标定

调节高频信号发生器的输出频率，使幅值达到最高并维持频率不变，调节输出信号幅值至适当大小，即可用高频信号发生器上的输出幅值来标定被测仪器在该点所测的量值。

6.2.4 暂态地电压法

开关柜内发生局部放电时，其导电部分对接地金属壳之间就有少量电容性放电电量，沿放电通道将会有过程极短的脉冲电流产生，并激发瞬态电磁波辐射。当放电间隙比较小时，放电过程的时间比较短，电流脉冲的陡度比较大，辐射高频电磁波的能力比较强；而放电间隙的绝缘强度比较高时，击穿过程比较快，此时电流脉冲的陡度比较大，辐射高频电磁波的能力比较强。通常开关柜绝缘结构中发生的局部放电信号可以看成是由一个点源所发出的高斯脉冲。

根据电磁感应原理，电磁波在空间传播时，如果遇到导体，会使导体产生感应电流，且感应电流的频率跟激起它的电磁波的频率相同。因此，局部放电所产生的电磁波会在柜体（接地屏蔽）的内表面激发脉冲电流，其幅值大小、频率等参数与电磁波的参数相关。如果柜体（屏蔽层）是连续的，这些脉冲电流会在最小扰动的情况下沿柜体内表面送到大地，则无法在其外表面检测到放电信号。但实际上，柜体（屏蔽层）屏蔽层通常在绝缘部位、垫圈连接处、电缆绝缘终端等部位出现缝隙而导致不连续，根据电磁屏蔽的基本原理，脉冲电流宁愿从开口处传到外表面而不越过窄缝隙到达开口的另一端，因此脉冲电流最终会从开口、接头、盖板等的缝隙处传出，沿着金属柜体外表面传到大地，形成暂态对地电压。

6.2.4.1 设计原理

开关柜内部局部放电会产生电磁波，在金属壁形成趋肤效应并且沿着金属表面进行传播，同时在金属表面产生暂态地电压。局部放电产生的暂态地电压信号的大小与局部放电的强度及放电点的位置有直接关系，原理如图6-12所示。

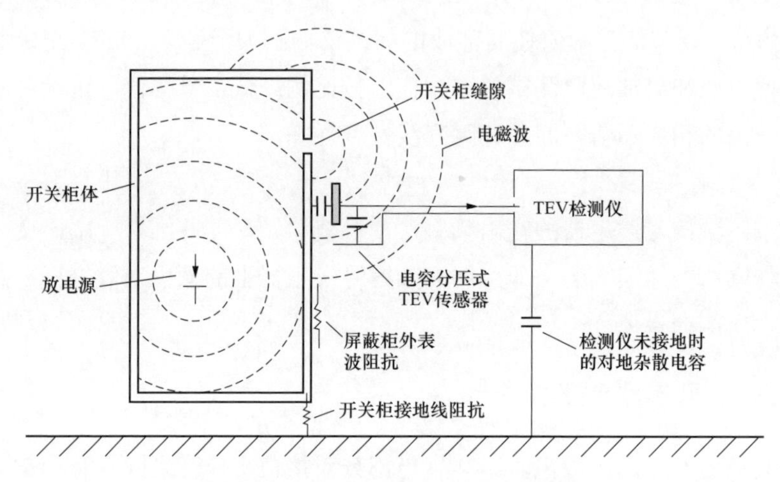

图6-12　暂态地电压法检测原理图

根据该原理，设计了以下考核校验方案：以正弦信号发生器作为信号源，模拟电磁波在金属板表面产生的暂态地电压，以50Ω同轴电缆连接正弦发生器和金属板，并通过50Ω匹配电阻接地。暂态地电压检测仪器在金属板上测量产生局部放电信号，同时金属板上接标准电容到频谱仪，通过频谱仪观察与暂态地电压检测仪器所测相同的信号的幅值、频率等。测试接线图如图6-13所示。

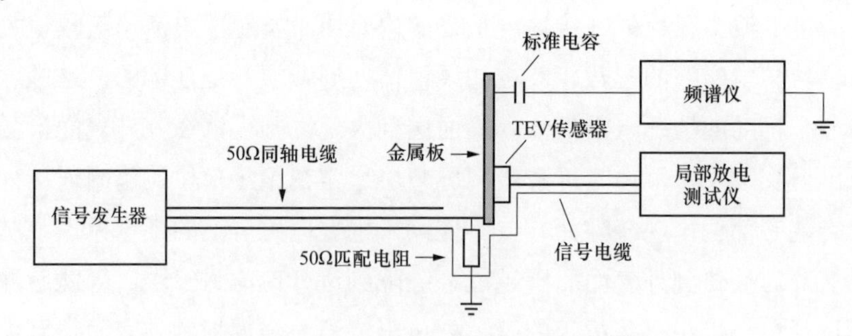

图6-13　暂态地电压法试验原理接线图

6.2.4.2　结构图示

根据相关理论分析并结合暂态地电压局部放电测试仪仪校验系统设计方

案，制作了暂态地电压局部放电测试仪校验系统三维结构示意图，如图 6-14 所示。

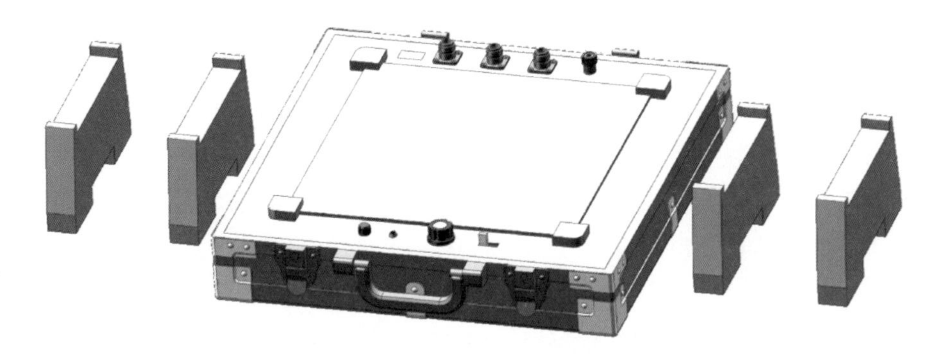

图 6-14 暂态地电压局部放电测试仪校验系统三维结构图

6.2.4.3 性能检测

1. 灵敏度检测

在 3M～100MHz 范围内，将信号发生器输出信号的频率调节至适当大小并维持不变，调节信号发生器输出信号的幅值，观察局部放电检测仪检测到的信号，找出局部放电测试仪在该频率下能检测到的最小信号值，即该频率下的灵敏度。

在 3M～100MHz 范围内改变信号发生器输出信号的频率，重复以上测试过程，所得的多个灵敏度值求平均即得该测量仪器在该频率范围内的均值灵敏度。

2. 频带检测

将正弦信号发生器输出信号幅值调至适当大小并维持不变，在规定的上下截止频率之间改变正弦波的频率，找出待测仪器输出信号基本恒定区域中的频率，以此作为基准频率。

以 1MHz 步长降低正弦波信号的频率，并保证输出电压幅值不变，找出被测仪器归一化输出降到 0.501 时的频率点（–6dB 点），此点即为实测的下限截止频率。同理找出实测的上限频率。根据说明书参数即可计算上、下限截止频率的误差。

3. 线性度误差检测

测试时设置信号发生器输出正弦信号的频率固定为 2M～30MHz 之间的某

一频率值，调节信号幅值使局部放电测试仪输出大于等于30dB，记录频谱仪测量值和局部放电测试仪测量值；按比例降低信号幅值，记录局部放电测试仪输出的相应示值，即可计算其线性度误差。

4．脉冲计数检测

设置信号发生器输出脉冲信号，改变信号发生器输出的电压幅值，使被测仪器的读数大于等于20dB，调节脉冲重复频率为0.5k～10kHz中的某一值或若干可选值，同时观察并记录被测仪器2s脉冲读数和设置的实际脉冲数，即可计算脉冲计数的测量误差。

5．量值标定

量值标定采用分段标定的方法，在每一频段上选一频率点，暂态地电压仪器通过其被测传感器紧贴金属壁测量，同时频谱仪通过标准电容连接金属板测量，即可用频谱仪上的信号示值来标定被测主机所测得的量值。

6.3 局部放电带电检测装置性能校验装置

6.3.1 超声波局部放电考核校验装置

（1）装置概述。超声波局部放电考核校验装置是针对超声波带电测试功能和性能要求、考核超声波局部放电测试仪性能指标的校验装置，如图6-15所示。该装置可根据接收的正弦波信号产生不同频率的超声波信号，对超声波传感器及局部放电测试仪的检测频率、灵敏度、线性度、重复性、稳定性等功能、性能进行考核校验。

图6-15 XD52J超声波局部放电考核校验装置

（2）遵循标准。该装置遵循或参考但不限于以下标准：

GB/T 7354 局部放电测量

DL/T 417—2006 电力设备局部放电试验现场测量导则

DL/T 474—2006 现场绝缘试验实施导则

DL/T 393—2010 输变电设备状态检修

试验规程

DL/T 596　电力设备预防性试验规程

（3）功能特征。

1）正弦波信号输入。该装置采用标准正弦波发生器作为电信号输入源，其频率幅值无级可调，可参数满足超声波局部放电考核校验需求。

2）信号转换。装置通过将输入的高频信号经过电声转换，提供用于考核校验的超声波信号。

3）超声波信号输出。特制的超声波信号换能器（即超声波发射传感器）所发出的超声波信号具备频率范围广、幅值调节范围大等特点，满足超声波局部放电测试仪及考核试验的超声波信号需求。

4）参考传感器。装置采用高精度超声波传感器作为参考传感器，满足超声波局部放电考核校验的参考需求。

5）标准介质。装置配置标准尺寸、材质的信号传输介质，传播转换过来的超声波信号，为被校仪器提供一个信号采集平台。

6）抗干扰能力强。装置设计良好的抗震结构，外界干扰不会影响信号的传输、接收，高程度保证了系统信号的保真度。

（4）装置说明。

1）系统框架。超声波局部放电考核校验装置主要由信号源、超声换能装置、参考传感器、标准介质平台以及相应的控制软件组成，相应的系统框架如图 6-16 所示。

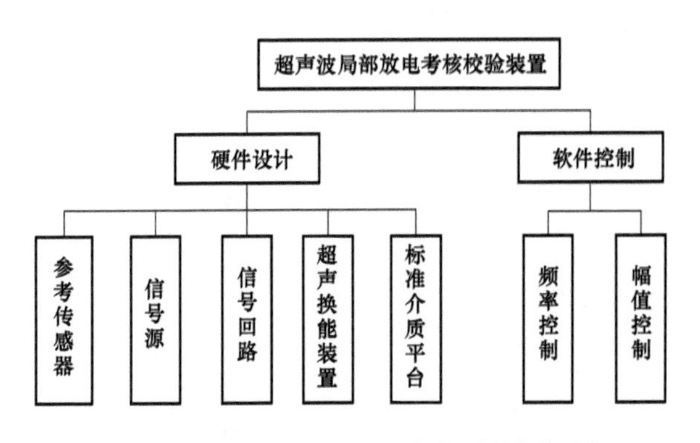

图 6-16　超声波局部放电考核系统框架图

2）信号源。信号源是整个考核校验装置的重点组成部分，作用是为整个考核校验装置提供不同幅值、频率的正弦波信号。信号输出幅值 0～10V 可调，频率 0～10MHz，具备任意信号波形输入导出功能。

3）信号回路。信号回路是整套装置功能实现的基础，内置功放转换电路，用于调制信号测试回路，实现将输入的电功率转换成机械功率（即超声波）。

4）超声换能装置。超声换能装置是装置的核心组成部分，功能是将经过调制后的电信号转换成声信号。幅频特性响应平稳，信号转换功率可调，为整个考核校验装置提供一个稳定可控的信号基础。

5）参考传感器。参考传感器的作用是同步监测超声波局部放电考核校验装置所发出的超声波信号幅值及频率范围，为被测传感器及主机提供参考依据。

6）标准介质平台用于考核超声波局部放电测试仪装置性能参数。

（5）技术参数及配置表。

表 6-1　　超声波局部放电考核系统技术参数表

信号源	信号幅值	0～10V 可调
	信号频率	0～10MHz
	衰减度	≤5%
	信号失真度	≤5%
超声换能装置	输出功率	5W
	频率范围	0～300KHz
标准介质平台	直径	200mm
	高度	100mm
	材料	钢制（热轧钢 A36）

表 6-2　　超声波局部放电考核系统配置表

序号	名称		数量	说明
1	超声波试验平台	超声波换能器	1 套	含内部功放
		金属试验平台		热轧钢，A36
2	正弦波信号发生器		1 台	
3	参考传感器		1 个	
4	附件		1 套	含测试线，使用说明书等

6.3.2 特高频局部放电测试仪考核校验装置

（1）装置概述。特高频局部放电测试仪考核校验装置是用于考核校验特高频局部放电测试仪仪性能指标的设备，如图 6-17 所示。该装置可通过标准脉冲源将特高频信号输入 GTEM 小室内，通过 GTEM 小室内部形成的均匀场，对特高频传感器及局部放电测试仪的检测频率、灵敏度、线性度、脉冲计数、动态范围、诊断识别等功能、性能进行考核校验。

图 6-17 特高频局部放电测试仪考核校验装置图

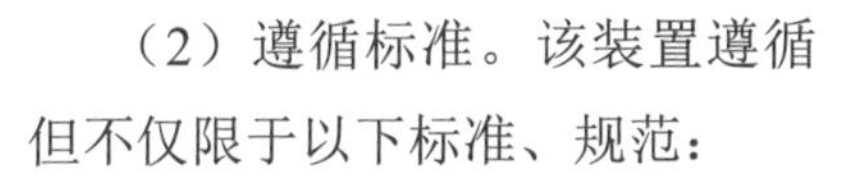

（2）遵循标准。该装置遵循但不仅限于以下标准、规范：

GB/T 7354 局部放电测量

DL/T 356 局部放电测量仪校准规范

GB/T 6587 电子测量仪器通用规范

DL/T 417 电力设备局部放电现场测量导则

GB/T 17626 电磁兼容 试验和测量技术

GB/T 15464 仪器仪表包装通用条件

GB/T 6587 电子测量仪器通用规范

GB 6587.1 电子测量仪器环境试验总纲

（3）产品特征。

1）专业脉冲源。装置配备可调幅值、间隔的 P 秒级脉冲源，用于考核局部放电测试仪的灵敏度、动态范围、稳定性等性能。

2）放电类型模拟。装置可模拟仿真输出尖端、颗粒、悬浮、气隙等多种典型放电类型，支持自定义脉冲输出，用于考核局部放电测试仪的诊断分析功能。

3）脉冲计数考核。装置可连续等间隔、断续随机输出脉冲信号，可以准确考核局部放电测试仪的连续采集、脉冲计数功能。

4）相位同步。装置具备同步输入、输出功能。同步输入具备有线、无线两种接入模式，实时采集电源电压同步信息，同步输出提供稳定正弦同步信号给局部放电测试仪。

5）屏蔽性好。GTEM 小室作为特高频局部放电测试仪考核校验的均匀横波电磁场暗室，电磁波频率范围 0～2GHz，具备高屏蔽性能，整体系统在小室内环境可达到–75dBμV。

6）自动化校验。装置配备智能化测控软件，可实现一键触发，自动完成校验项目，校验考核效率及自动化程度高。

7）性价比高。GTEM 小室造价低廉，不到电波暗室造价的 1/10；空间占用小，并且满足特高频局部放电测试仪器的考核校验需求。

（4）系统架构。特高频局部放电测试仪考核检验装置由测控单元、脉冲标定源、GTEM 小室、参考传感器（标准单极探针）和高速示波器组成，系统架构如图 6-18 所示。

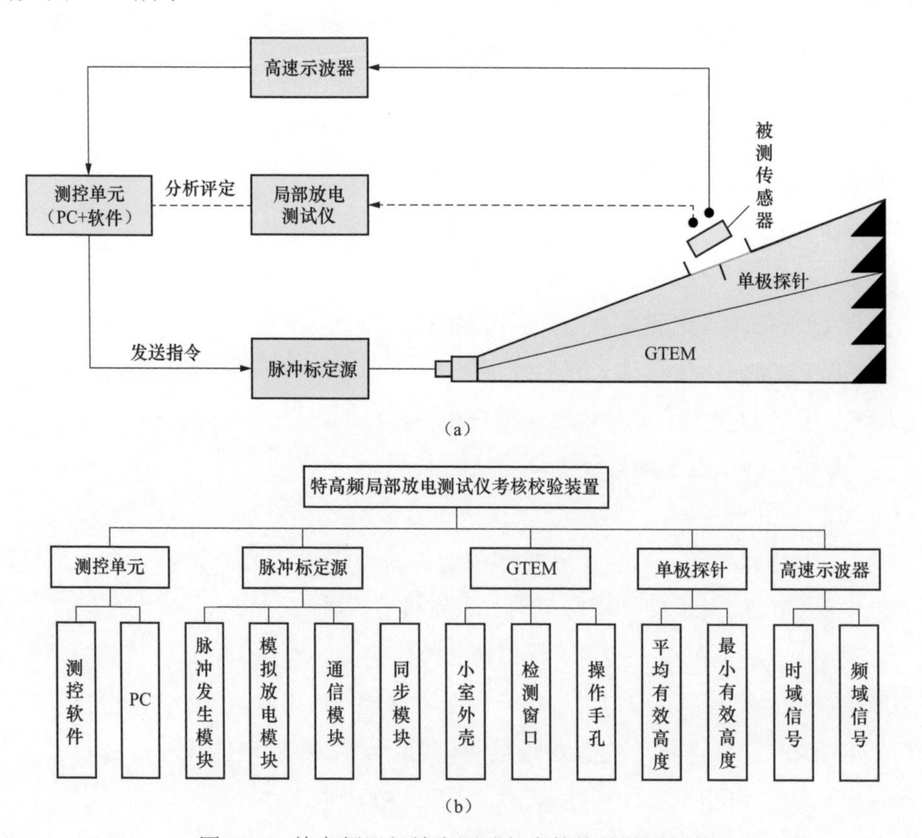

图 6-18　特高频局部放电测试仪考核校验装置架构

（5）系统配置清单（见表 6-3）

表 6-3　　　　系统配置清单

序号	名称	数量/单位	备注
1	XD53J 特高频局部放电测试仪考核校验装置	1 套	GTEM 小室
2	脉冲标定源	1 个	
3	示波器	1 个	
4	参考传感器	1 个	
5	测控单元	1 个	含测控软件
6	使用说明书	1 份	
7	附件	1 套	含各类测试线

（6）系统参数（见表 6-4）。

表 6-4　　　　系 统 技 术 参 数

项目	参　　数
使用环境	环境温度：−10℃～+50℃；工作湿度：15%～95%
工作电源	输入电源：220V±10%；输入频率：50Hz±1%
脉冲标定源	输出波形：方波或双指数脉冲；输出方式：连续、断续输出；输出幅值：0～120V 程控可调；脉冲重复率：50～200Hz 程控可调；上升沿（10%～90%）：≤300ps；下降沿（90%～10%）：5ns±10%；半波时间：4～100ns 可调；模拟放电波形输出：气隙放电、尖端放电、悬浮放电、颗粒放电；同步输入：频率：30～300Hz；电压：0～100V
同步输出	频率：30～300Hz；幅度：20V；类型：正弦波；接口：双芯金属插座
GTEM 小室	频率范围：0～3GHz；输入阻抗：50Ω±1Ω；电压驻波比：≤1.5；信号接头：N 型接头；尺寸：4020×2170×1580mm
单极探针（参考传感器）	半径：0.65mm；高度：25mm；接地平板厚度：2mm；接地平板直径：150mm；工作频带：DC–3GHz
高速示波器	模拟带宽：≥2GHz；采样率：≥10GS/s
测控单元	配置：高性能 PC；性能：主频≥2G，内存≥4G；操作系统：Windows 7 及以上

（7）硬件系统。

1）测控主机。测控主机由 PC 和测控软件组成，用于发送操作指令给脉冲标定源，计算分析从示波器上接收的信号数据，如图 6-19 所示。

2）脉冲标定源。脉冲标定源由脉冲发生模块、模拟放电模块、同步模块和通讯模块组成，如图 6-20 所示。

3）脉冲发生模块用于校验被检仪器灵敏度、线性度、动态范围、稳定性等性能。

图 6-19　测控主机

图 6-20　脉冲标定源

4）模拟放电模块用于校验被检仪器诊断分析等功能。模块可根据设定的脉冲幅值、间隔、相位参数，模拟输出尖端、颗粒、悬浮、气隙等多种放电类型。

5）同步模块用于校验被检仪器相位同步功能。模块具备同步输入、输出两个端口，同步输入用于接收电源电压相位、频率信息；同步输出提供 20V，频率 30～300Hz 的正弦同步信号给被检仪器。

6）GTEM 小室（见图 6-21）。GTEM 小室用于提供一个良好的横均匀电磁场校验环境，配置简单、结构密封，测试频带宽，不受外界环境干扰的影响。

7）单极探针（参考传感器，见图 6-22）。单极探针用于在考核特高频局部放电测试仪的传感器有效高度、检测灵敏度、动态范围等参数时提供量尺。

8）示波器（见图 6-23）。示波器用于检测单极探针和被测传感器接收的脉冲信号，对信号做 FFT 运算分析，将时域、频域数据送给测控单元。

（8）软件系统。操控分析软件是整套装置的控制核心，其架构如图 6-24 所示。软件负责控制脉冲标定源输出考核校验需要的信号种类、重复率、幅值等；自动测量分析计算从示波器上接收的信号数据，得出校验结论，保存测试数据，生成测试报告。

图 6-21　GTEM 小室

图 6-22　单极探针

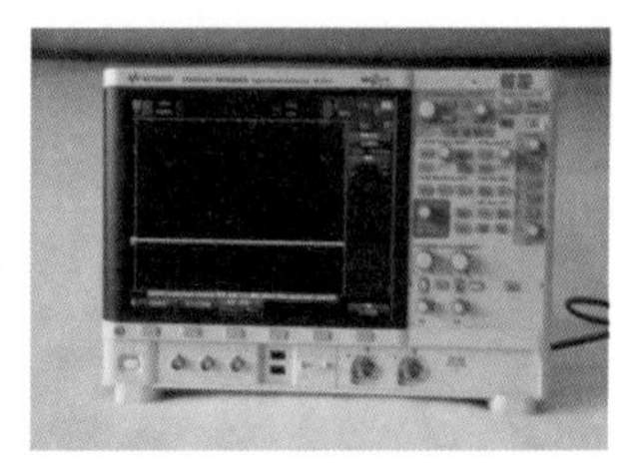

图 6-23　示波器

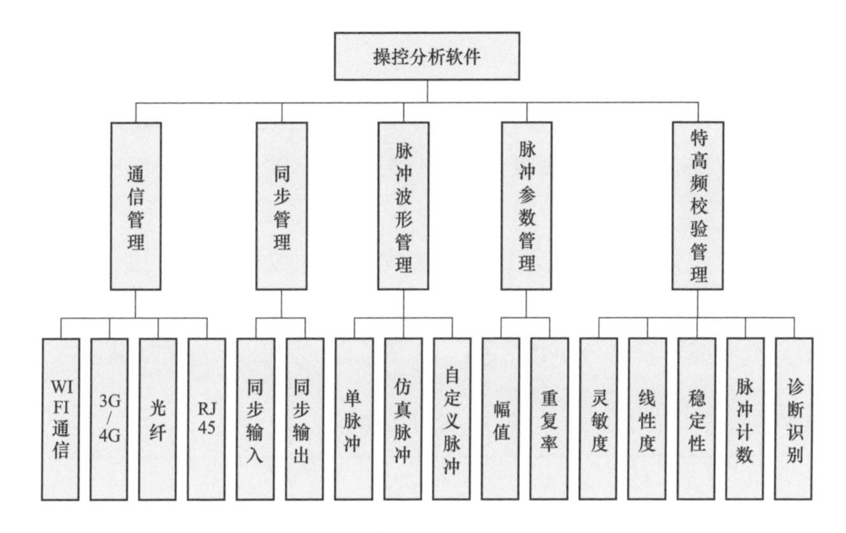

图 6-24　操控分析软件架构

1）通信管理。仪器支持 WiFi、3G/4G、RJ45 等多种通信模式，软件界面可实时监测各单元之间通信状态。

2）同步管理。同步管理设置同步输入、输出功能。同步输入根据实验室条件可选择有线、无线两种方式；同步输出可设定输出频率。

3）脉冲波形管理。软件依据校验项目需要选择单脉冲、放电仿真脉冲和自定义脉冲三种信号波形输出。

4）脉冲参数管理。软件依据校验项目需要设置信号输出幅值、重复率，输出模式分手动、自动两种。

5）特高频校验项目管理。操控软件具备传感器有效高度、灵敏度、线性度、稳定性、动态范围、脉冲计数和诊断识别七种校验项目测试分析功能。每种项目设置独立的操作分析界面，一体化管理。

（9）校验流程。特高频局部放电测试仪考核校验装置校验流程主要包括以下步骤：

1）校验装置自检各部件的通信、供电、运行状况，确保各单元处于正常工作状态。选定同步方式、脉冲输出模式及种类，将脉冲标定源接入 GTEM 小室。

2）选择校验项目，切换到对应界面。调节信号输出幅值、重复率、波形等参数，由测控单元发送指令给脉冲标定源，脉冲标定源依据指令输出对应的脉冲信号。

3）脉冲信号经 GTEM 小室芯板发射出频带范围在 0～2GHz 的均匀横电磁波，单极探针或被测传感器接收电磁波信号，由示波器（或局部放电测试仪）进行采集。

4）测控单元分析计算从示波器上接收的信号数据，得出结论并显示对应参量和图谱。

（10）模拟放电种类（见表 6-5）。

表 6-5　　　　模拟放电种类

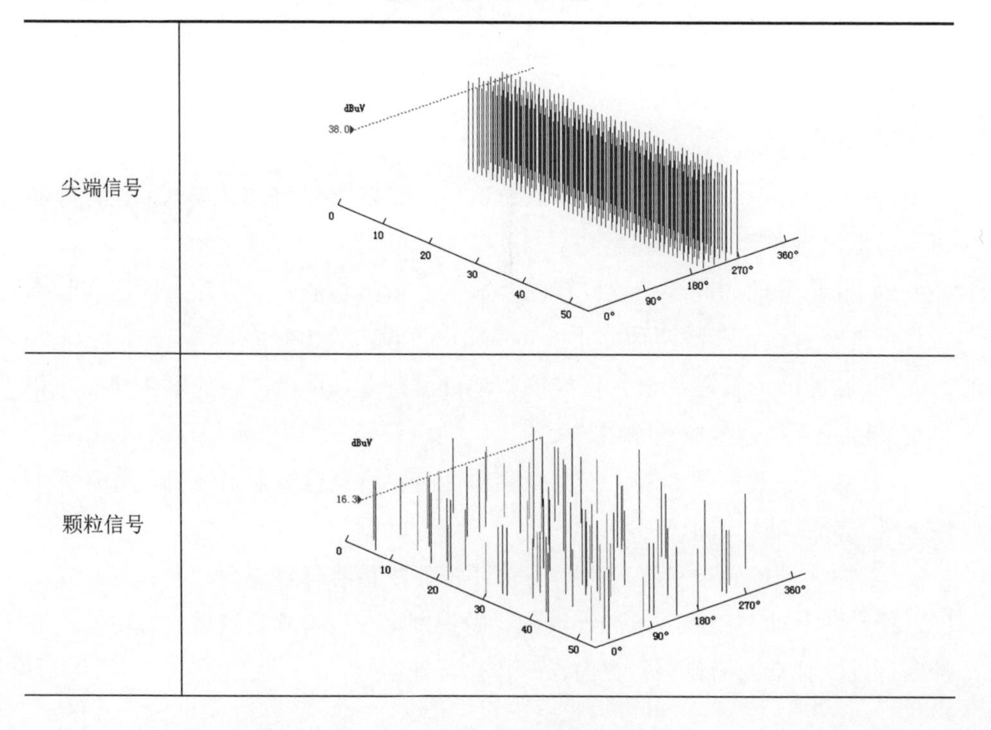

尖端信号	
颗粒信号	

续表

悬浮信号	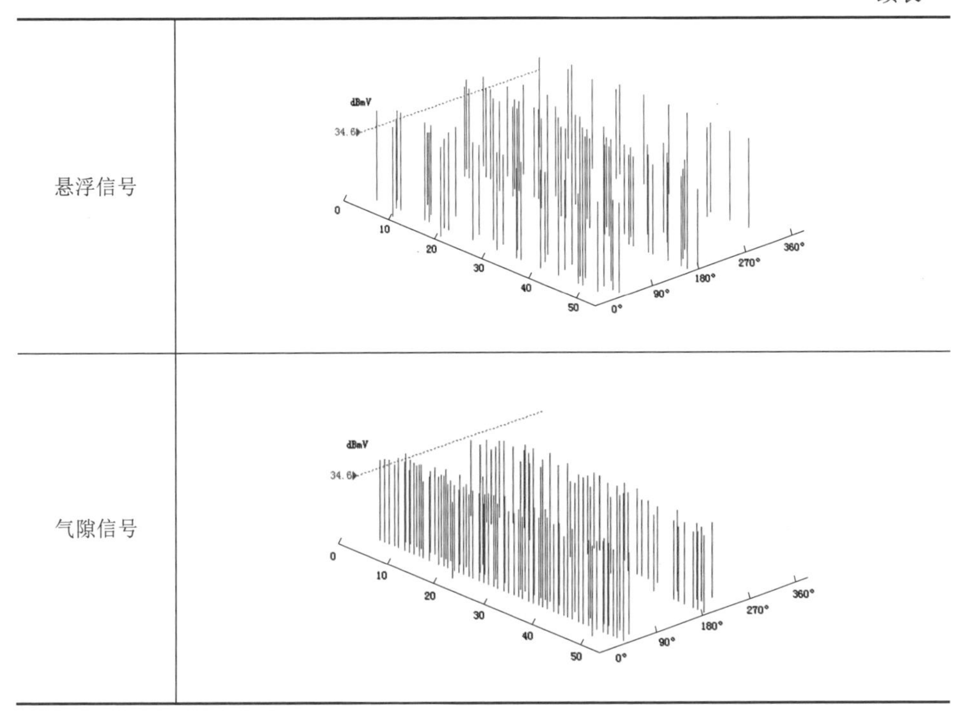
气隙信号	

6.3.3 高频局部放电测试仪考核校验装置

（1）装置概述。高频局部放电测试仪考核校验装置是一种根据高频局部放电带电检测原理设计、用于考核高频局部放电测试仪性能指标的考核校验装置，具备输出各种不同幅值、不同频率的正弦波、方波和脉冲波，可输出四种典型放电波形，兼容外部信号输入，如图 6-25 所示。

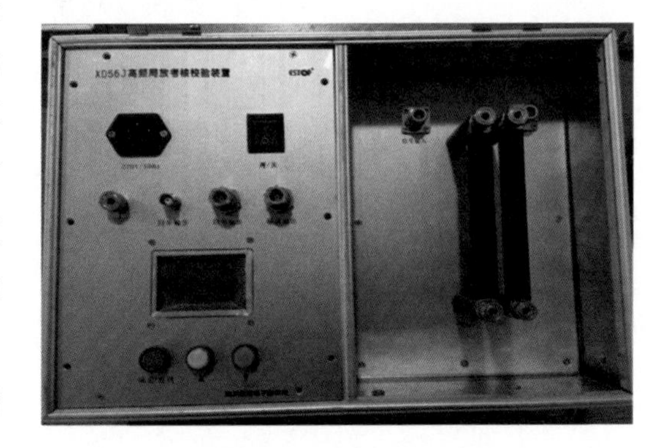

图 6-25　XD56J 高频局部放电测试仪考核校验装置

（2）遵循标准。该装置遵循或参考但不限于以下标准：

GB/T 7354　局部放电测量

DL/T 417—2006　电力设备局部放电试验现场测量导则

DL/T 474—2006　现场绝缘试验实施导则

DL/T 393—2010　输变电设备状态检修试验规程

DL/T 596　电力设备预防性试验规程

（3）功能特征。

1）信号选择。装置可选择自带信号源输出幅值频率可调的高精度正弦波、方波；也可采用陡脉冲发生器输入脉冲信号，用于满足高频局部放电测试仪考核的信号要求。

2）放电模拟波形。装置信号源可输出四种典型局部放电模拟波形，用于考核高频局部放电测试仪对真实放电波形的判断分析功能。

3）外接信号输入。装置充分考虑更高精度的信号测试需求，支持外接信号源输入，为考核校验高频局部放电测试仪测试提供更高精度的信号波形。

4）信号回路。专业设计的信号回路衰减度低，其衰减度低于 5%，保证输出信号的强度满足高频局部放电测试仪考核校验要求。

5）同步方式。装置具备同步信号输出，用于满足高频局部放电测试仪考核校验时同步信号要求。

（4）装置说明。

1）系统框架。高频局部放电测试仪考核校验装置主要由信号源、信号回路以及相应的控制软件组成，其系统框架如图 6-26 所示。

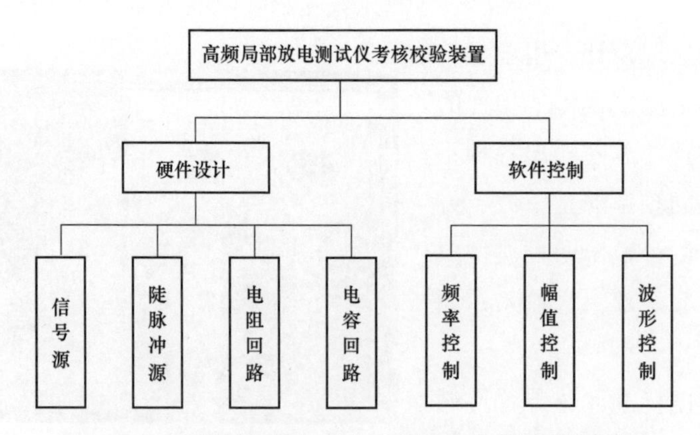

图 6-26　高频局部放电测试仪考核校验装置系统框架

2）信号源。信号源是整个考核校验装置的重点组成部分，为整个考核校验装置提供了不同幅值频率的信号波形、各类放电波形，以及同步信号。

3）信号回路。信号回路包括电阻回路和电容回路，是为高频局部放电测试仪考核校验提供测试回路，同时支持外部信号发生器接入，以满足更高精度信号测试需求。

4）控制软件。控制软件是整套考核校验装置的核心组成部分，作用是对整套装置的信号输出、选择起到控制作用，以满足不同测试条件下的信号输出需求。

（5）硬件系统。

1）系统组成。系统组成主要部件包括电阻回路、电容回路、内置信号源、局部放电陡脉冲发生器、外接信号源等部分组成。

2）电阻回路。用于传输正弦信号形成对地脉冲电流，主要由 N 型接头、50Ω 无感电阻、信号桥架等组成。

3）电容回路。用于传输脉冲信号形成对地脉冲电流，主要由 N 型接头、100pF 高频陶瓷电容、信号桥架等组成。

4）内置信号源。信号源是整个考核校验装置的重点组成部分，为整个考核校验装置提供了不同幅值频率的信号波形、各类放电波形，以及同步信号。

5）局部放电陡脉冲发生器。陡脉冲发生器输出脉冲电压，通过注入电容在试验回路中产生脉冲电流，模拟视在电荷已知的局部放电信号，并由仪器检测试验回路中的脉冲电流。

（6）外接信号源。考虑更高精度的信号测试需求，设备支持外接信号源输入，为考核校验高频局部放电测试仪测试提供更高精度的信号波形，外接信号源宜选用通过计量检定机构校准的，知名品牌的信号源。

6.3.4 暂态地电压局部放电测试仪考核校验装置

（1）装置概述。暂态地电压局部放电测试仪考核校验装置，是一种针对暂态地电压带电测试功能和性能要求，考核暂态地电压局部放电测试仪性能指标的校验装置。

该装置可设置输出低频调制的高频脉冲信号，调制频率、脉冲频率、脉冲幅值、脉冲相位可根据需要进行调节。可以对暂态地电压局部放电测试仪的检测频率、灵敏度、线性度、重复性、动态范围、脉冲计数、电电定位、放电类型诊断等功能、性能进行检测校验。暂态地电压局部放电测试仪考核校验装置实物如图 6-27 所示。

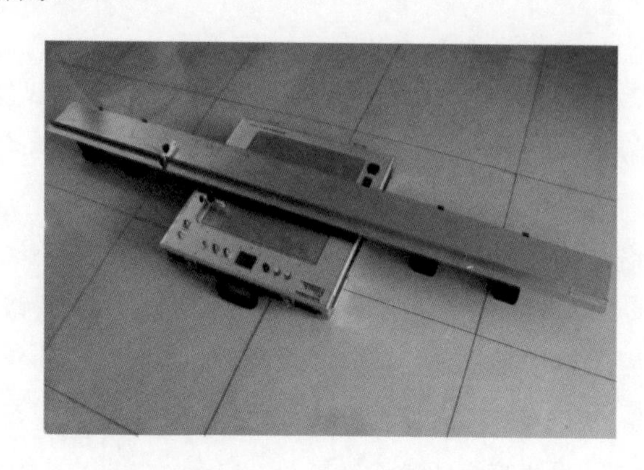

图 6-27　暂态地电压局部放电测试仪考核校验装置实物图

（2）遵循标准。该装置遵循或参考但不限于以下标准：

GB/T 7354　局部放电测量

DL/T 417—2006　电力设备局部放电试验现场测量导则

DL/T 474—2006　现场绝缘试验实施导则

DL/T 393—2010　输变电设备状态检修试验规程

DL/T 596　电力设备预防性试验规程

（3）功能特征。

1）信号选择。装置自带信号源，可选择输出低频调制的幅值频率可调的高频正弦波、方波段，用于满足 TEV 局部放电测试仪考核的信号要求。

2）放电模拟波形。装置信号源可输出四种典型局部放电模拟波形，用于考核 TEV 局部放电测试仪对真实放电波形的测试性能。

3）外接信号输入。装置充分考虑更高精度的信号测试需求，支持外接信号源输入，为考核校验暂态地电压局部放电测试仪提供更高精度的信号波形。

4）信号回路。专业设计的信号回路衰减度低，其衰减度低于 5%，保证信号波形的强度满足暂态地电压局部放电测试仪校验要求。

5）脉冲计数。装置具备脉冲计数输出功能，用于考核暂态地电压局部放电测试仪的脉冲计数功能。

6）同步方式。装置具备同步信号输出功能，用于暂态地电压局部放电测试仪考核校验时的同步要求。

7）电电定位校验。装置装有“电电定位”校验平台，可用于考核暂态地电压局部放电测试仪的“电电定位功能”。

（4）装置说明。

1）系统框架。暂态地电压局部放电考核校验装置主要由信号源、信号回路以及相应的控制软件组成，其系统框架如图 6-28 所示。

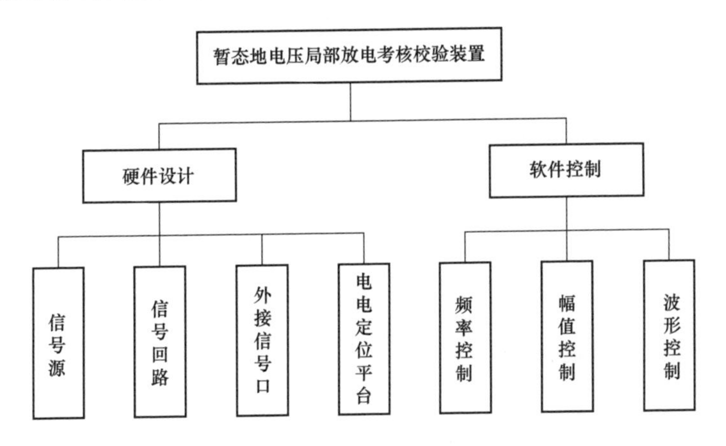

图 6-28 暂态地电压局部放电测试仪考核校验系统框架

2）信号源。信号源是整个考核校验装置的重点组成部分，为整个考核校验装置提供不同幅值、频率的信号波形、各类模拟放电波形，以及同步信号、脉冲计数信号。

3）信号回路。信号回路是为暂态地电压局部放电测试仪考核校验提供测试回路，同时支持外部信号发生器接入，以满足更高精度信号测试需求。

4）电电定位平台。电电平台是为测试暂态地电压局部放电测试仪电电定位功能而设计的，其设计要求符合国家电网公司《电力设备带电检测仪器性能检测方案》。

5）控制软件。控制软件是整套考核校验装置的核心组成部分，作用是对整套装置的信号输出、选择起到控制作用，以满足不同测试条件的信号输出需求。

（5）技术参数（见表 6-6）。

表 6-6　　暂态地电压局部放电测试仪考核校验装置技术参数

项目	技术参数
模拟放电波形	气隙放电、尖端放电、悬浮放电、颗粒放电
电定位平台尺寸	2000mm（长）×150mm（宽）×2mm（厚）
输出波形	正弦波、方波、同步波形、放电波形
输出幅值	正弦波–6～56dBmV；方波 1～5V
输出频率	正弦波：100kHz～120MHz；方波：10～60kHz
同步信号	10～600Hz
衰减度	＜5%
信号失真度	＜5%

6.4 典型案例应用

6.4.1 手持式局部放电测试仪定期检测

6.4.1.1 检测概况

2015～2017 年，广州供电局所属 11 个区局共检测手持式局部放电测试仪 375 台，其中发现缺陷仪器数量达 154 台，涉及 30 多种型号。针对检测中发现的缺陷，要求厂家对缺陷仪器进行整改，提高了局部放电测试仪的使用准确度，由此降低了因仪器性能问题带来的经济损失。检测中存在的主要缺陷如表 6-7 所示。

表 6-7　　手持式局部放电测试仪缺陷统计

序号	检测项目	手持式局部放电测试仪存在的缺陷
1	外观检查	手持式局部放电测试仪充电指示灯不亮，无法开机
2	外观检查	手持式局部放电测试仪充电指示灯亮，开不了机
3	外观检查	在进行暂态地电压测试时，出现了闪屏现象，并发出“嗞嗞嗞”的声音
4	暂态地电压线性度误差测试	线性度误差大于标准值±20%，不合格

续表

序号	检测项目	手持式局部放电测试仪存在的缺陷
5	暂态地电压灵敏度测试	均值灵敏度大于标准值 90mV，不合格
6	暂态地电压频带测试	频带宽度小于标准值 20MHz，不合格
7	超声波线性度误差测试	线性度误差大于标准值±20%，不合格
8	超声波灵敏度测试	主值灵敏度大于标准值 5mV，不合格
9	暂态地电压频带测试	频带宽度小于标准值 20MHz，不合格
10	暂态地电压线性度误差测试	线性度误差大于标准值±20%，不合格
11	传输阻抗测试	传输阻抗大于标准值，不合格
12	超声波线性度误差测试	线性度误差大于标准值±20%，不合格
13	暂态地电压线性度误差测试	线性度误差大于标准值±20%，不合格
14	暂态地电压灵敏度测试	均值灵敏度大于标准值 90mV，不合格
15	暂态地电压频带测试	频带宽度小于标准值 20MHz，不合格
16	超声波线性度误差测试	线性度误差大于标准值±20%，不合格
17	超声波灵敏度测试	主值灵敏度大于标准值 5mV，不合格

6.4.1.2 典型案例分析

2017 年 12 月，广州供电局有限公司白云供电局一单检测任务情况见表 6-8、表 6-9。

表 6-8　　手持式局部放电测试仪基本信息

仪器名称	样品主要参数
手持式局部放电测试仪	暂态地电压检测频宽：0.5～100MHz 暂态地电压检测动态范围：70dB 暂态地电压检测误差：±1dB 超声波谐振频率：40±2kHz 超声波检测误差：±1dB 超声波检测动态范围：80dB

表 6-9　　检测项目及判断标准

序号	检测项目	标准要求
1	外观检查	（1）带电检测仪机箱外壳应无明显缺陷，电镀、氧化层、漆层等涂层良好，不应有起层、剥落现象。外壳应无锐口、尖角等。 （2）面板上各种量与单位的文字符号应符合 GB 3100 及 GB 3101 的要求，印刷或刻字应清晰，且不易被擦掉。 （3）按钮操作应灵活可靠，无卡死或接触不良现象
2	暂态地电压频带测试	频带范围 3M～100MHz，且频带宽度不小于 20MHz
3	暂态地电压线性度测试	线性度的误差不大于±20%
4	暂态地电压灵敏度测试	被测传感器有效带宽内均值灵敏度不大于 90mV
5	暂态地电压脉冲计数试验	脉冲计数误差不应大于±10%
6	超声波灵敏度试验	主谐振检测灵敏度（1/2 信噪比）不大于 5mV
7	超声波线性度误差试验	线性度误差不大于±20%

6.4.1.3　具体测试过程

1．外观检查

通过目视观察，该仪器外观正常，合格。

2．暂态地电压频带测试

（1）试验方法：将正弦信号发生器输出信号幅值调至适当大小并维持不变，在被测仪器规定的截止频率之间改变正弦波的频率，测得被测仪器输出信号基本恒定区域中的中心频率 f_c。以 1MHz 步长降低正弦波信号的频率，并保证输出电压幅值不变，找出被测仪器归一化输出降到 0.505 时的频率点（–6dB 点），此点即为实测的下限截止频率。以 1MHz 步长升高正弦波信号的频率，同法测得实测的上限频率。

（2）检测数据：见表 6-10。

表 6-10　　暂态地电压频带测试数据

频率（MHz）	读数（dB）	频率（MHz）	读数（dB）	频率（MHz）	读数（dB）
3	34	35	30	70	10
5	39	40	27	75	11
10	41	45	23	80	11
15	39	50	19	85	11
20	38	55	17	90	11
25	36	60	13	95	11
30	34	65	9	100	12

检测结果：根据检测频带测试要求，该仪器响应最大值为 41dB（在 10MHz 时），归一化输出降到 0.505 时的频率点（−6dB 点），该传感器实测的上下限截止频率为 5M～30MHz，在频率范围 3M～100MHz 内，其频带宽度为 25MHz，不小于 20MHz，检测结果合格。

3．暂态地电压线性度误差测试

（1）试验方法：测试时设置信号发生器输出正弦信号的频率固定为 3M～50MHz 之间的某一频率值，调节信号幅值使局部放电测试仪输出大于等于 30dB，记录信号发生器峰值电压 U 和局部放电测试仪满度值 A；依次降低信号幅值至 λU，λ=0.8、0.6、0.4、0.2，记录局部放电测试仪输出的相应示值 $A\lambda$。各测量点的非线性误差按 $\varepsilon_l = \frac{A_\lambda - \lambda A}{\lambda A} \times 100\%$ 计算。

（2）检测数据：见表 6-11。

表 6-11　　暂态地电压线性度误差测试数据

线性度误差试验 f=10MHz	U（mV）	0.8U	0.6U	0.4U	0.2U
	2000	1600	1200	800	400
	A（dB）	0.8	0.6	0.4	0.2
	41	39	37	34	29
误差	$\varepsilon_l = \frac{A_\lambda - \lambda A}{\lambda A} \times 100\%$	−0.71%	5.16%	11.67%	25.59%

（3）检测结果：该仪器在 0.2U 时，线性度误差为 25.59%，大于 20%，检测结果不合格。

4．暂态地电压灵敏度测试

（1）试验方法：记录试验背景值，根据检测灵敏度要求为 1/2 信噪比（6dB）下的最小测试值。在 3M～100MHz 范围内，将信号发生器输出信号的频率调节至适当大小并维持不变，调节信号发生器输出信号的幅值，观察局部放电检测仪检测到的信号，找出局部放电测试仪在该频率下能检测到的最小信号值，即该频率下的灵敏度。在 3M～100MHz 范围内改变信号发生器输出信号的频率，重复以上测试过程，所得的多个灵敏度值求平均即得该测量仪器仪表在该频率范围内的均值灵敏度。

（2）检测数据：见表 6-12。

表 6-12　　暂态地电压灵敏度测试数据

频率（MHz）	外置信号源输出（mV）	频率（MHz）	外置信号源输出（mV）	频率（MHz）	外置信号源输出（mV）
3	150	35	380	70	—
5	80	40	610	75	—
10	69	45	990	80	—
15	96	50	1551	85	—
20	125	55	2360	90	—
25	169	60	3555	95	—
30	241	65	—	100	—

（3）检测结果：该仪器在 5M～30MHz 频段内，主机均值灵敏度为 130mV，大于 90mV，检测结果不合格。

5．暂态地电压脉冲计数试验

（1）试验方法：设置脉冲信号发生器输出脉冲信号，改变脉冲信号发生器输出电压幅值，使被测仪器的读数不小于 20dB，调节脉冲重复频率为 0.5k～10kHz 中的某一值或若干可选值，同时观察并记录被测仪器脉冲读数 n_x 和设置的实际脉冲数 n。脉冲计数的测量误差为 $\delta=[(n_x-n)/n]\times100\%$，

（2）检测数据：见表 6-13。

表 6-13　　暂态地电压脉冲计数试验数据

频率（Hz）	理论脉冲（个）	实测脉冲（个）	误差
500	1000	951	–4.90%
1k	2000	1896	–5.20%
2k	4000	3786	–5.35%
3k	6000	5682	–5.30%
4k	8000	7582	–5.23%
5k	10000	9473	–5.27%
6k	12000	11365	–5.29%
7k	14000	13250	–5.36%
8k	16000	15123	–5.48%
9k	18000	17032	–5.38%
10k	20000	18895	–5.53%

（3）检测结果：脉冲计数误差均小于±10%，检测结果合格。

6．超声波灵敏度试验

（1）试验方法：记录试验背景显示值，根据检测灵敏度要求为1/2信噪比（6dB）下的最小测试值。超声波发射探头置于空气中，并连接到声发射系统。被测传感器正对超声波发射探头放置，与发射探头间的距离不小于10cm。声发射系统输出一组信号幅值适当的正弦波信号并维持幅值大小不变，在20k～200kHz频率之间改变正弦信号频率，在被测主机上找到响应最好的频率点，即主谐振频率。在该频率下慢慢降低正弦波信号的幅值，能检测到的最小信号值即该被测传感器的峰值灵敏度。

（2）检测数据：在进行超声灵敏度测试过程中，被测局部放电测试仪读数无规律变化，且呈跳跃式波动，无法获取局部放电测试仪的读数。

（3）检测结果：局部放电测试仪读数无规律变化，且呈跳跃式波动，无法完成测试，检测结果不合格。

7．超声线性度误差试验

（1）试验方法：设置声发射系统输出正弦信号的频率固定为被测仪器的主谐振频率40kHz，调节声发射系统幅值使局部放电超声波检测仪输出值大于等于60dB，记录标准测量系统的输出峰值电压和局部放电超声波检测仪输出值A。依次降低声发射系统幅值，使标准测量系统输出电压峰值为λU（λ=0.8、0.6、0.4、0.2），记录局部放电超声波检测仪输出的响应示值A。

（2）检测数据：无法获取读数。

（3）检测结果：调节信号源输出频率为40kHz，调节外置信号源输出至2.35V后，再增大输出电压时，局部放电测试仪读数稳定至52dB，达不到60dB，无法测得超声线性度误差，检测结果不合格。

6.4.2 GIS局部放电在线监测装置运行中抽检试验

6.4.2.1 检测概况

实际运行中的GIS局部放电在线监测装置常存在误告警率高、装置故障频发的问题，开展GIS局部放电在线监测装置运行中抽检试验，是保障监测装置可靠运行和数据上送质量的重要技术手段。运行中抽检试验主要针对以下三个重点指标进行测试：

（1）在线监测装置有效性检测；

（2）监测装置简单的缺陷处理；

（3）变电站背景噪声的测量等。

6.4.2.2 典型案例分析

1．GIS局部放电在线监测系统试验要点

（1）系统信号校验。

1）注入信号：采用纳秒级的脉冲信号发生器，产生51Hz重复率的信号，接入特高频传感器，在特高频传感器将辐射出300M～1500MHz的特高频信号，该信号下面简称模拟信号。

2）传感器校验方法：采用信号发生器从距离安装传感器位置的本间隔最远盆子或两个相邻传感器的中间位置注入模拟信号，通过软件系统观察传感器接收到的模拟信号进一步判断传感器的有效性及灵敏度校验。需要对现场运行的每个传感器进行信号注入验证，存储信号图谱及数据，填写记录表格。

（2）硬件设备校验。根据各厂家提供的资料观察系统设备是否正常运行，是否出现设备故障告警信息，检查各个现场信号采集单元工作是否正常。

（3）软件系统校验。根据各厂家提供的资料验证系统软件是否正常运行，IEC61850服务端是否工作正常。

2．抽检设备基础数据及现场情况

（1）设备资料（见表6-14）。

表6-14　抽验设备资料

设备资料	设备厂家	系统型号	采集单元型号	传感器型号	投运时间
	北京领翼中翔	LBPD-2000	PDC-600	PDS-620	2009年7月

（2）现场概况（见表6-15、图6-29、图6-30）。

表6-15　抽检现场概况

变电站名称	在线监测屏柜数量	现场信号采集单元数量	特高频传感器数量
220kV华圃站	1	17	130

图 6-29　220kV 华圃站 220kV 场地 GIS 局部放电在线监测系统注入信号示意图

图 6-30　220kV 华圃站 110kV 场地 GIS 局部放电在线监测系统注入信号示意图

3．抽检试验数据记录

220kV 华圃变电站 GIS 局部放电在线监测系统现场标定数据记录表见表 6-16。

表 6-16　220kV 华圃变电站 GIS 局部放电在线监测系统现场标定数据记录表

序号	传感器位置及编号	注入点	注入幅值	监测幅值（%）	监测图谱
1	220kV 开华乙线线路侧 ABC 三相，1M 侧 B 相，6M 侧 B 相	A 相传感器 B 相传感器 C 相传感器 1M 侧传感器 6M 侧传感器	20V 20V 20V 20V 20V		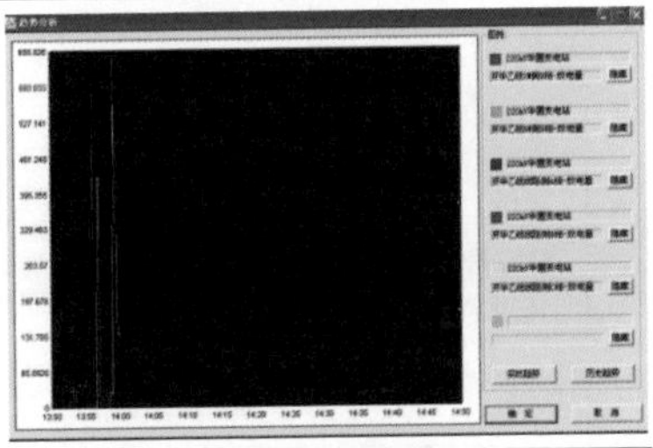

续表

序号	传感器位置及编号	注入点	注入幅值	监测幅值（%）	监测图谱
2	220kV 备用 204 间隔 1M 侧 B 相，6M 侧 B 相	1M 侧传感器 6M 侧传感器	20V 20V		
3	220kV 1M 侧 TV， TV 侧 ABC 三相，1M 侧 B 相	A 相传感器 B 相传感器 C 相传感器 1M 侧传感器	20V 20V 20V 20V	1M 侧 B 相无测试信号	
4	220kV 开华甲线线路侧 ABC 三相，1M 侧 B 相，6M 侧 B 相	A 相传感器 B 相传感器 C 相传感器 1M 侧传感器 6M 侧传感器	20V 20V 20V 20V 20V		
5	220kV 母联 TA 侧 ABC 三相，1M 侧 B 相，6M 侧 B 相	A 相传感器 B 相传感器 C 相传感器 1M 侧传感器 6M 侧传感器	20V 20V 20V 20V 20V	TA 侧 B 相传感器无测试信号	
6	220kV 3 号主变压器线路侧 ABC 三相，1M 侧 B 相，6M 侧 B 相	A 相传感器 B 相传感器 C 相传感器 1M 侧传感器 6M 侧传感器	20V 20V 20V 20V 20V		

续表

序号	传感器位置及编号	注入点	注入幅值	监测幅值（%）	监测图谱
7	220kV 华联甲线线路侧 ABC 三相，1M 侧 B 相，6M 侧 B 相	A 相传感器 B 相传感器 C 相传感器 1M 侧传感器 6M 侧传感器	20V 20V 20V 20V 20V		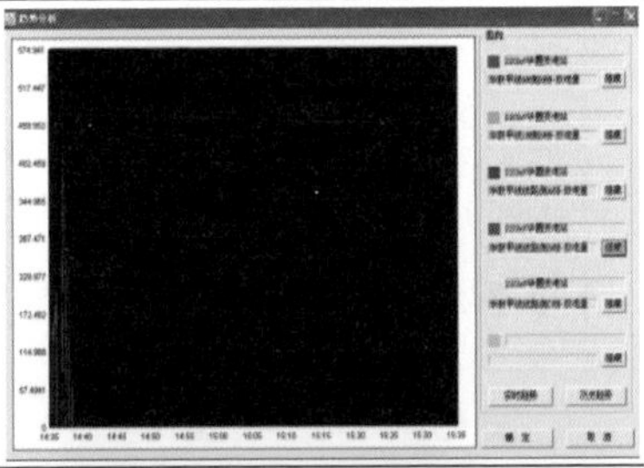
8	220kV 6M 侧 TV，TV 侧 ABC 三相，6M 侧 B 相	A 相传感器 B 相传感器 C 相传感器 6M 侧传感器	20V 20V 20V 20V		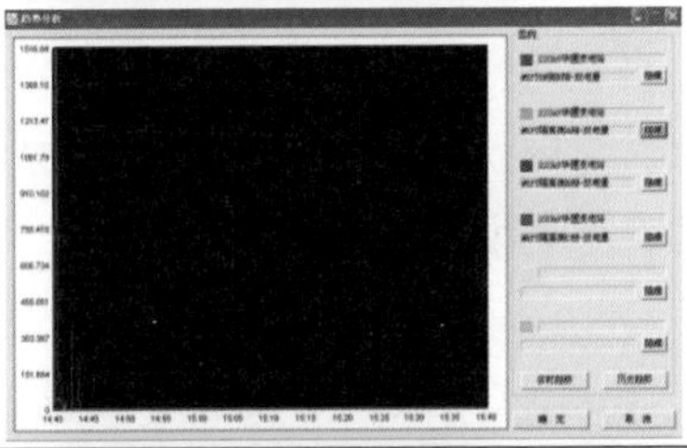
9	220kV 华联乙线线路侧 ABC 三相，1M 侧 B 相，2M 侧 B 相	A 相传感器 B 相传感器 C 相传感器 1M 侧传感器 2M 侧传感器	20V 20V 20V 20V 20V		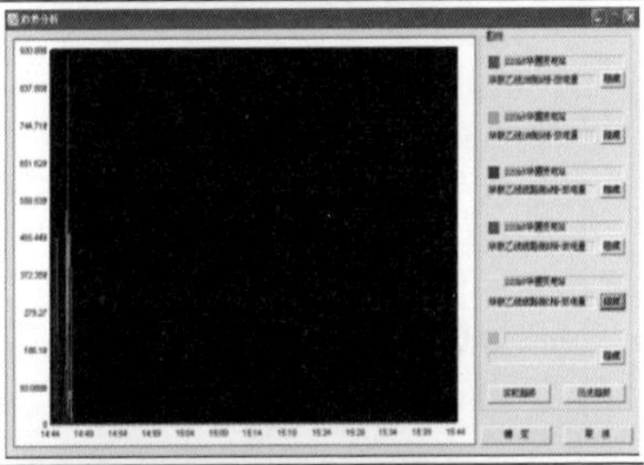
10	220kV 2 号主变压器线路侧 ABC 三相，1M 侧 B 相，2M 侧 B 相	A 相传感器 B 相传感器 C 相传感器 1M 侧传感器 2M 侧传感器	20V 20V 20V 20V 20V	线路侧 ABC 三相，1M 侧 B 相，2M 侧 B 相传感器均无测试信号	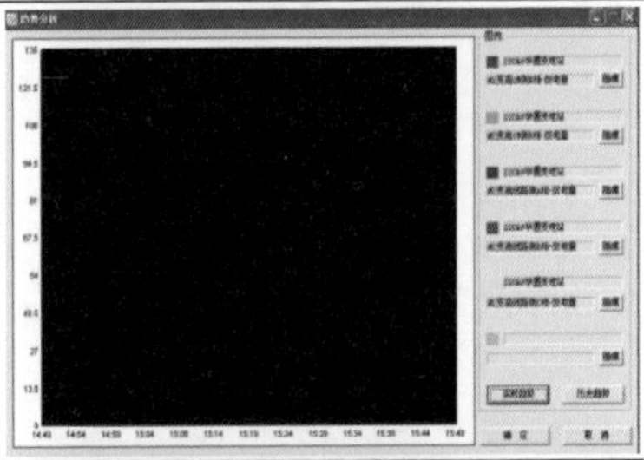
11	220kV 2 号 TV，TV 侧 ABC 三相，2M 侧 B 相	A 相传感器 B 相传感器 C 相传感器 2M 侧传感器	20V 20V 20V 20V	PT 侧 AB 两相，2M 侧 B 相传感器均无测试信号	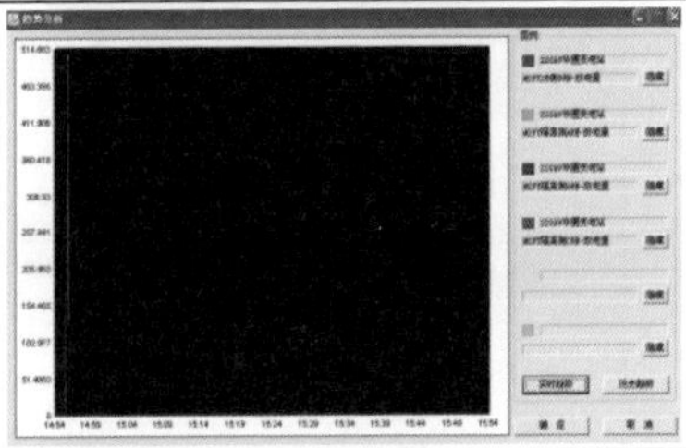

续表

序号	传感器位置及编号	注入点	注入幅值	监测幅值（ % ）	监测图谱
12	220kV 增华甲线线路侧 ABC 三相，1M 侧 B 相，2M 侧 B 相	A 相传感器 B 相传感器 C 相传感器 1M 侧传感器 2M 侧传感器	20V 20V 20V 20V 20V	1M 侧 B 相传感器与 2M 侧 B 相传感器装反了	
13	220kV 备用 201 间隔 1M 侧 B 相，2M 侧 B 相	1M 侧传感器 2M 侧传感器	20V 20V	1M 侧 B 相，2M 侧 B 相传感器均无测试信号	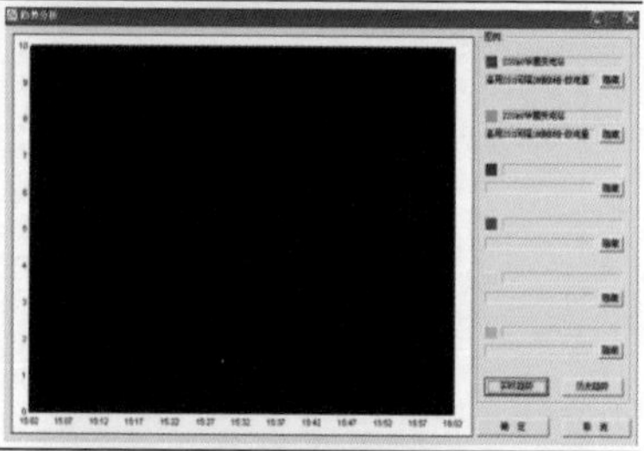
14	220kV 增华乙线线路侧 ABC 三相，1M 侧 B 相，2M 侧 B 相	A 相传感器 B 相传感器 C 相传感器 1M 侧传感器 2M 侧传感器	20V 20V 20V 20V 20V		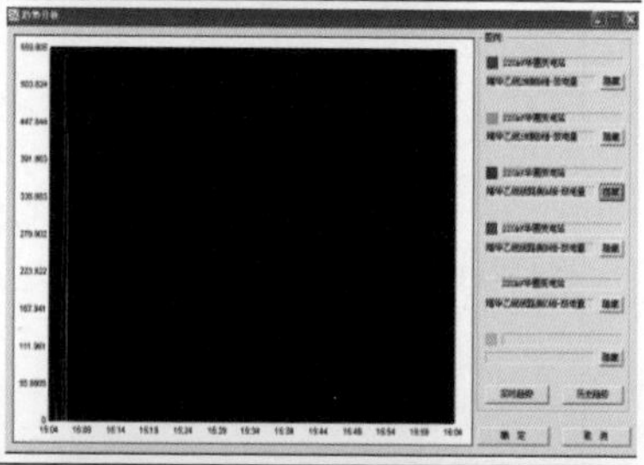
15	110kV 华罗甲线线路侧，1M 侧，2M 侧	线路侧传感器 1M 侧传感器 2M 侧传感器	20V 20V 20V		
16	110kV 备用 135 间隔 1M 侧，2M 侧	1M 侧传感器 2M 侧传感器	20V 20V		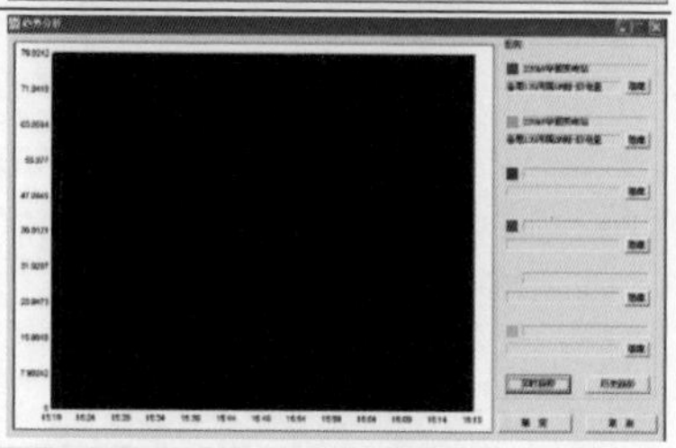

续表

序号	传感器位置及编号	注入点	注入幅值	监测幅值（%）	监测图谱
17	110kV 乌华乙线线路侧，1M 侧，2M 侧	线路侧传感器 1M 侧传感器 2M 侧传感器	20V 20V 20V	1M 侧传感器无测试信号	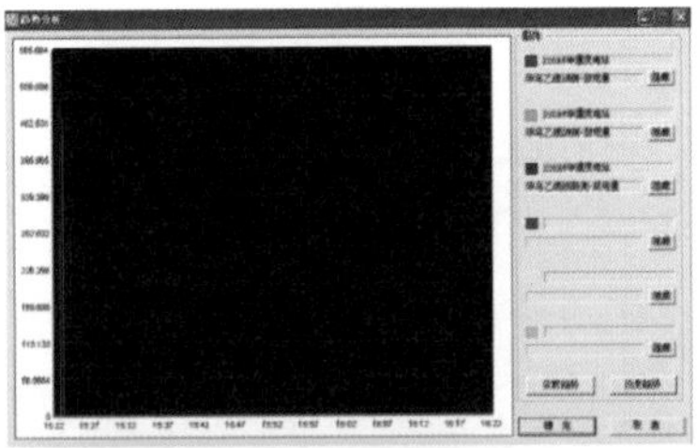
18	110kV 备用 122 间隔线路侧，1M 侧，2M 侧	线路侧传感器 1M 侧传感器 2M 侧传感器	20V 20V 20V	线路侧传感器，1M 侧传感器，2M 侧传感器均无测试信号	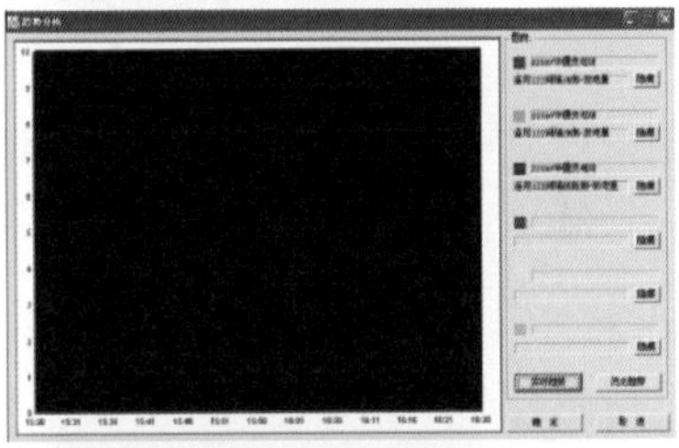
19	110kV 华罗乙线线路侧，1M 侧，2M 侧	线路侧传感器 1M 侧传感器 2M 侧传感器	20V 20V 20V	线路侧传感器，1M 侧传感器，2M 侧传感器均无测试信号	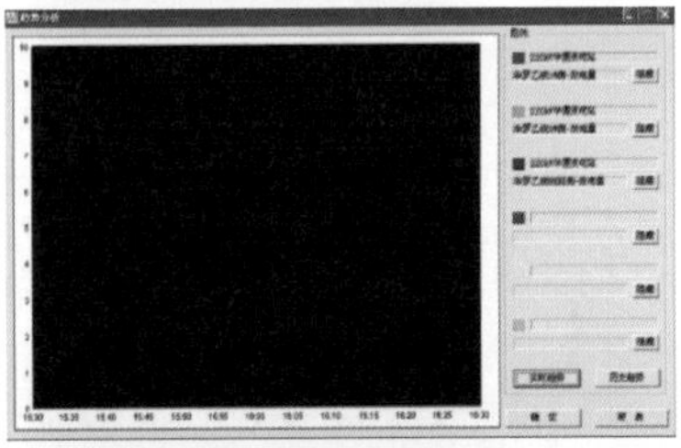
20	110kV 备用 101 间隔 1M 侧，2M 侧	1M 侧传感器 2M 侧传感器	20V 20V	1M 侧传感器，2M 侧传感器均无测试信号	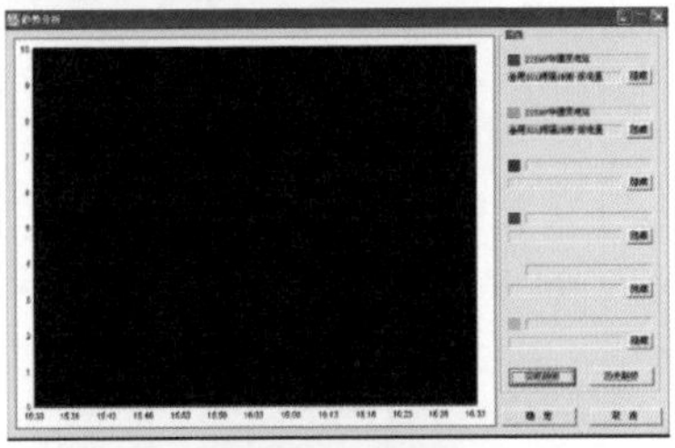
21	110kV 华新庙线线路侧，1M 侧，2M 侧	线路侧传感器 1M 侧传感器 2M 侧传感器	20V 20V 20V	线路侧传感器，1M 侧传感器，2M 侧传感器均无测试信号	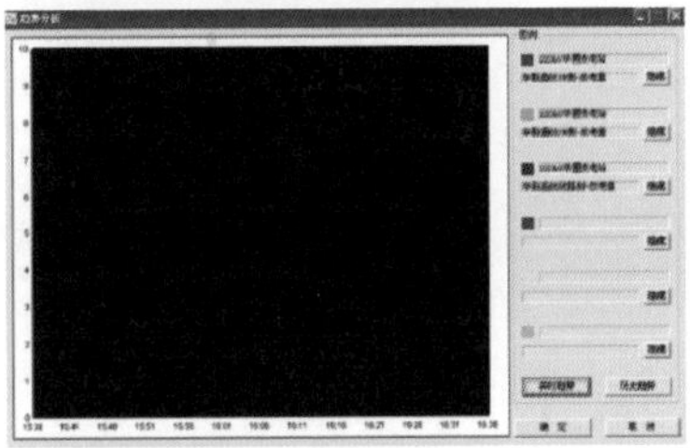

续表

序号	传感器位置及编号	注入点	注入幅值	监测幅值（%）	监测图谱
22	110kV 1MTV TV侧，1M侧，2MTV TV侧，2M侧	1MTV侧传感器 1M侧传感器 2MTV侧传感器 2M侧传感器	20V 20V 20V 20V	1MTV TV侧，1M侧，2MTV TV侧，2M侧传感器均无测试信号	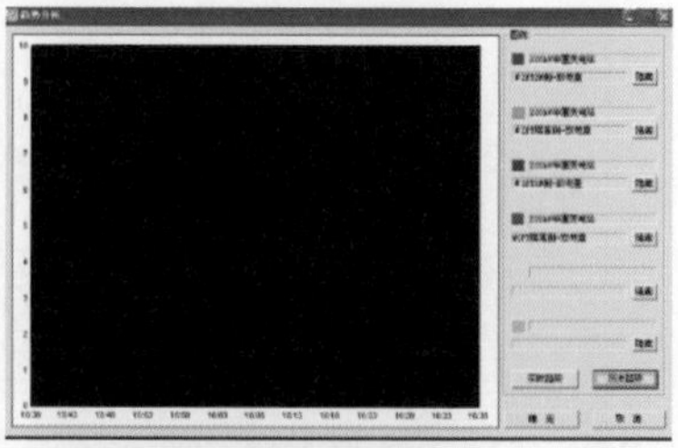
23	110kV备用125间隔1M侧，2M侧	1M侧传感器 2M侧传感器	20V 20V	1M侧传感器无测试信号	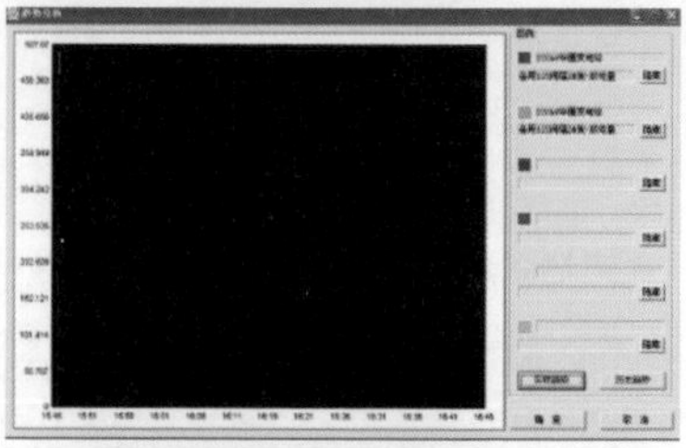
24	110kV 1M～2M母联TA侧，1M侧，2M侧	TA侧传感器 1M侧传感器 2M侧传感器	20V 20V 20V		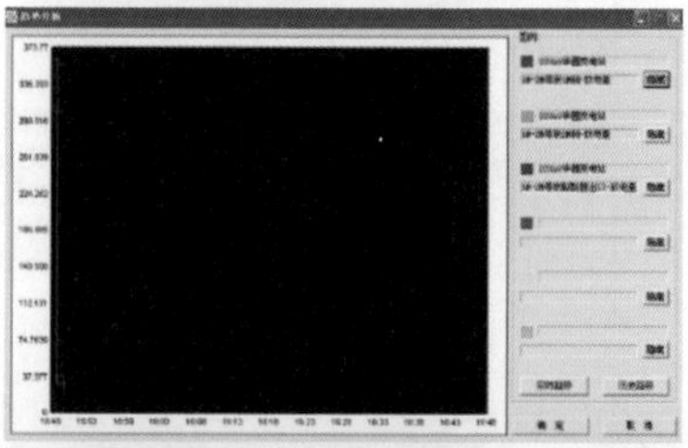
25	110kV 2号主变压器线路侧，1M侧，2M侧	线路侧传感器 1M侧传感器 2M侧传感器	20V 20V 20V		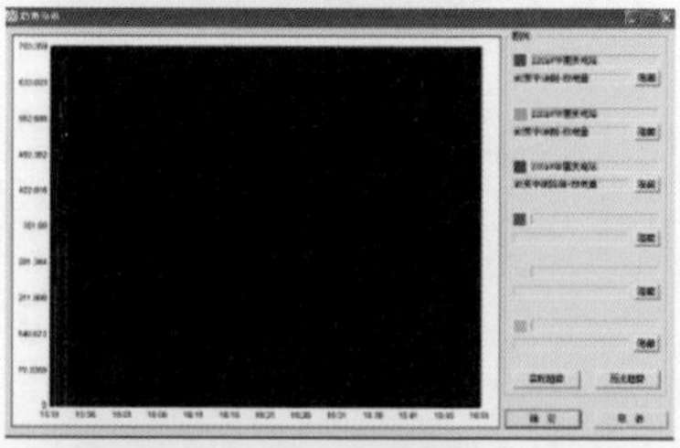
26	110kV备用126间隔1M侧，2M侧	1M侧传感器 2M侧传感器	20V 20V		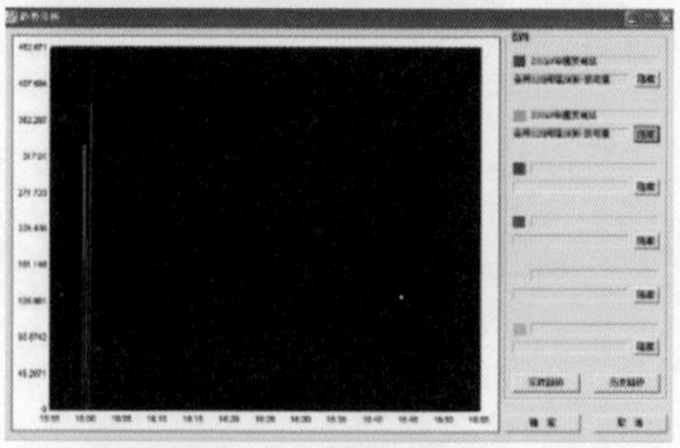

续表

序号	传感器位置及编号	注入点	注入幅值	监测幅值（ % ）	监测图谱
27	110kV 1M～5M 分段间隔断路器侧，1M 侧，5M 侧	断路器侧传感器 1M 侧传感器 5M 侧传感器	20V 20V 20V		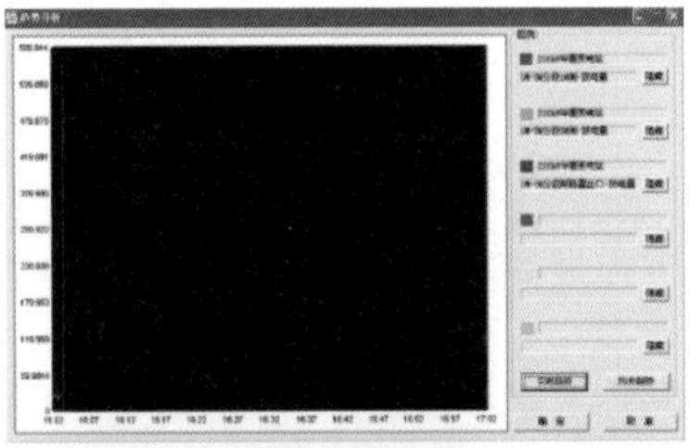
28	110kV 2M～6M 分段间隔断路器侧，2M 侧，6M 侧	断路器侧传感器 2M 侧传感器 6M 侧传感器	20V 20V 20V		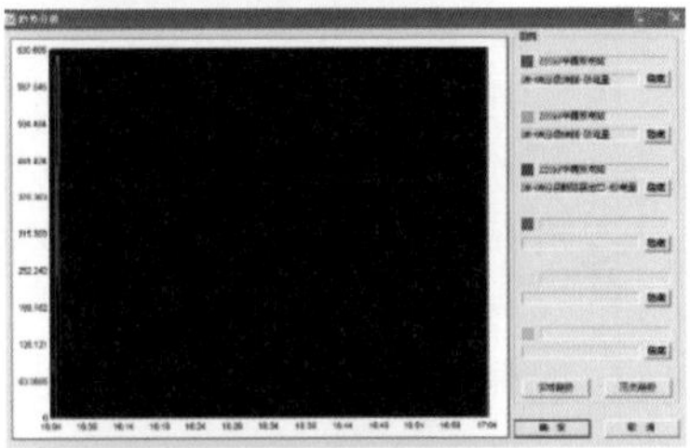
29	110kV 元华线线路侧，5M 侧，6M 侧	线路侧传感器 5M 侧传感器 6M 侧传感器	20V 20V 20V	线路侧，6M 侧传感器均无测试信号	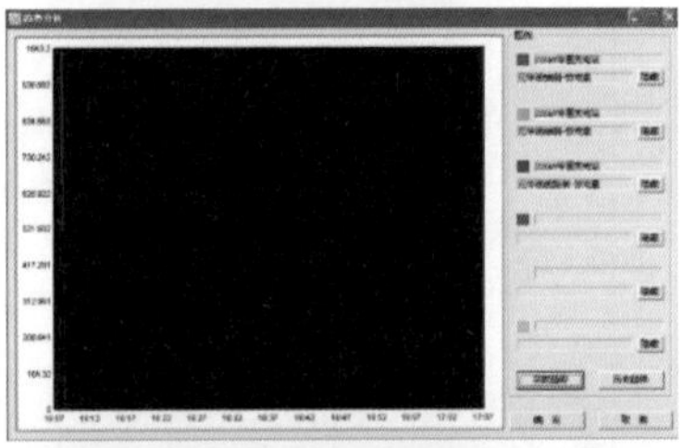
30	110kV 5M～6M 母联 TA 侧，5M 侧，6M 侧	TA 侧传感器 5M 侧传感器 6M 侧传感器	20V 20V 20V	TA 侧，5M 侧，6M 侧传感器均无测试信号	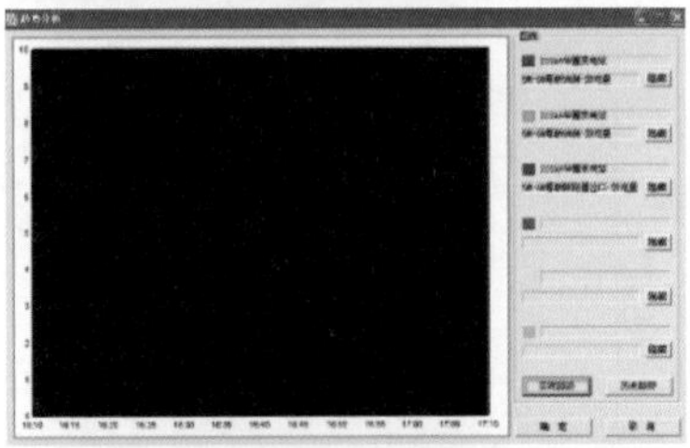
31	110kV 5MTV TV 侧，5M 侧，6MTV TV 侧，6M 侧	5MTV 侧传感器 5M 侧传感器 6MTV 侧传感器 6M 侧传感器	20V 20V 20V 20V	5MTV TV 侧，5M 侧，6MTV TV 侧，6M 侧传感器均无测试信号	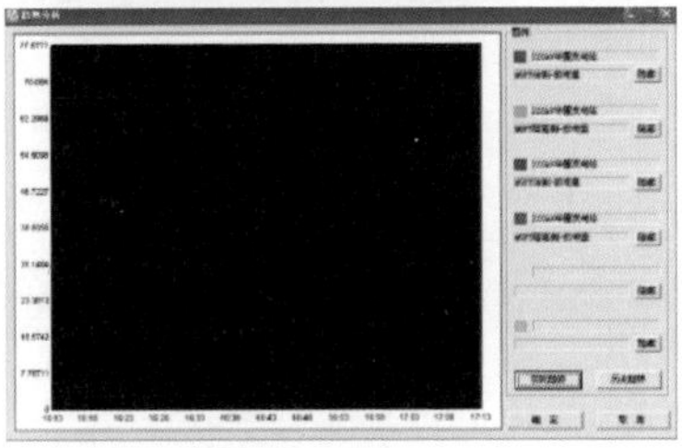

续表

序号	传感器位置及编号	注入点	注入幅值	监测幅值（ % ）	监测图谱
32	110kV 黄华线线路侧，5M 侧，6M 侧	线路侧传感器 5M 侧传感器 6M 侧传感器	20V 20V 20V	线路侧，5M 侧，6M 侧传感器均无测试信号	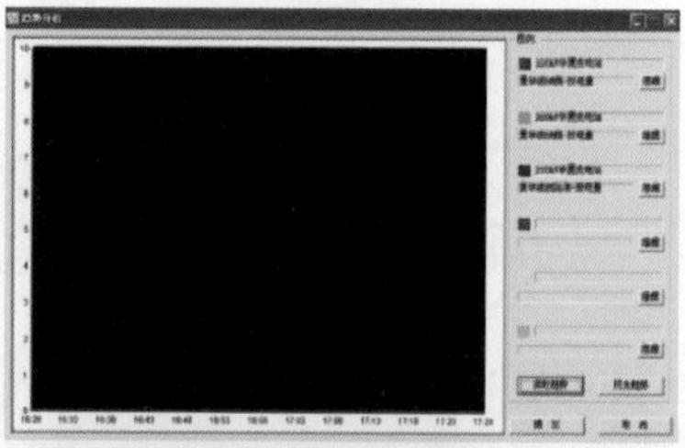
33	110kV 3 号主变压器线路侧，5M 侧，6M 侧	线路侧传感器 5M 侧传感器 6M 侧传感器	20V 20V 20V	线路侧，5M 侧，6M 侧传感器均无测试信号	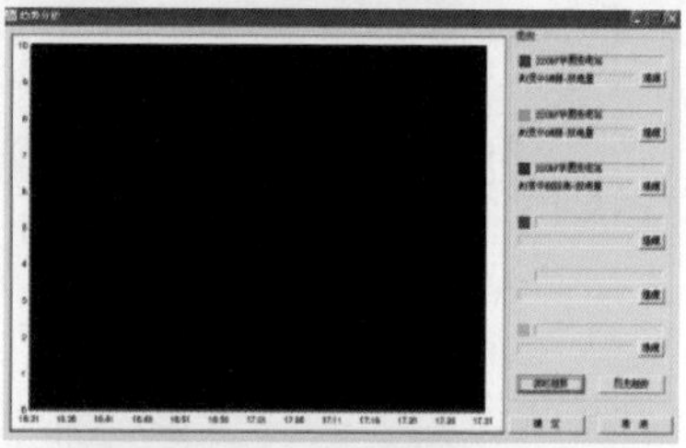
34	110kV 华云线线路侧，5M 侧，6M 侧	线路侧传感器 5M 侧传感器 6M 侧传感器	20V 20V 20V	5M 侧传感器无测试信号	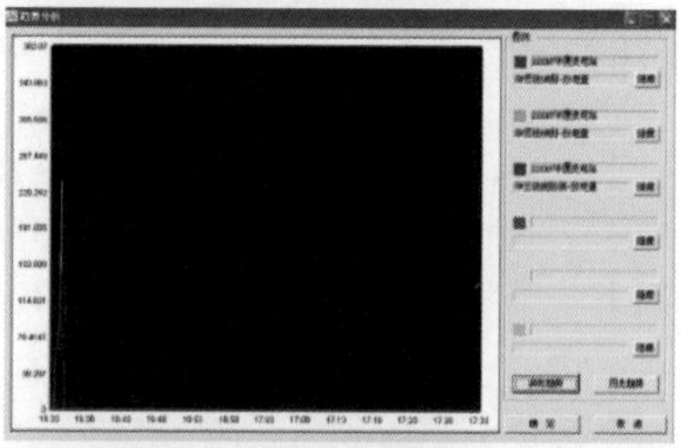
35	110kV 乌华甲线线路侧，5M 侧，6M 侧	线路侧传感器 5M 侧传感器 6M 侧传感器	20V 20V 20V		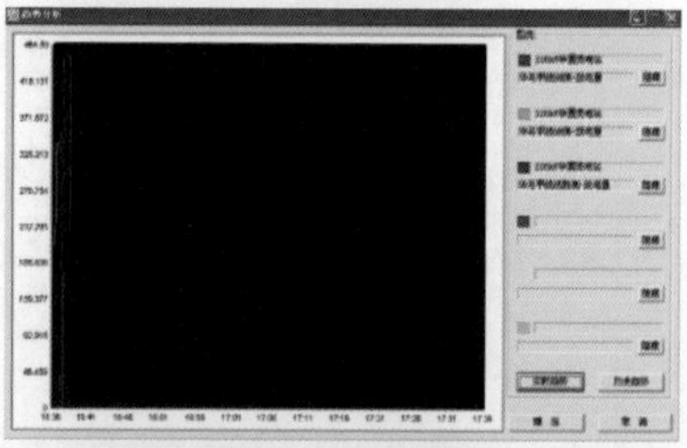
36	110kV 备用 131 间隔线路侧，5M 侧，6M 侧	线路侧传感器 5M 侧传感器 6M 侧传感器	20V 20V 20V		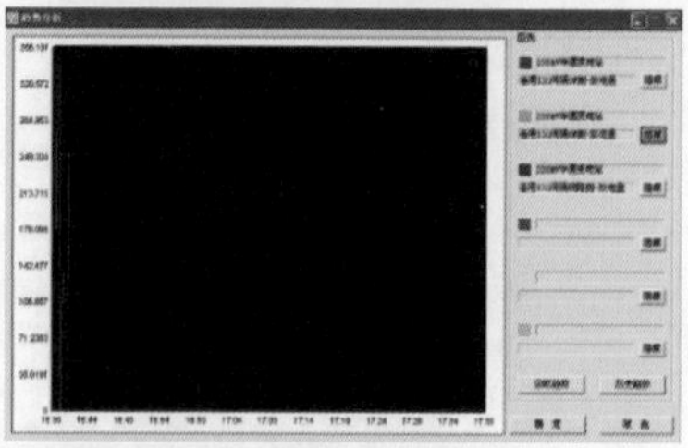

续表

序号	传感器位置及编号	注入点	注入幅值	监测幅值（%）	监测图谱
37	110kV 备用 132 间隔 5M 侧，6M 侧	5M 侧传感器 6M 侧传感器	20V 20V		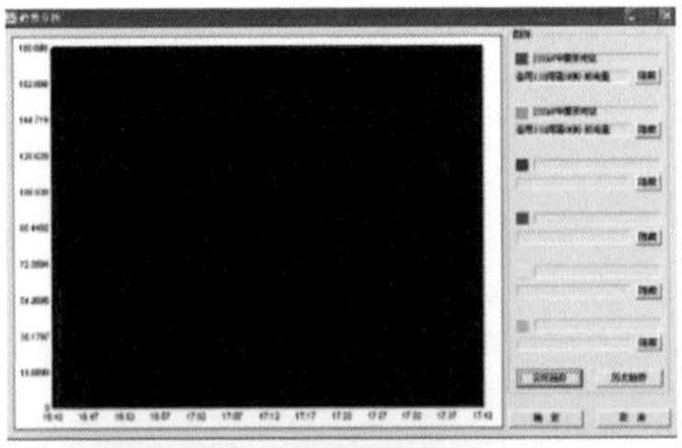
38	110kV 华气线线路侧，5M 侧，6M 侧	线路侧传感器 5M 侧传感器 6M 侧传感器	20V 20V 20V		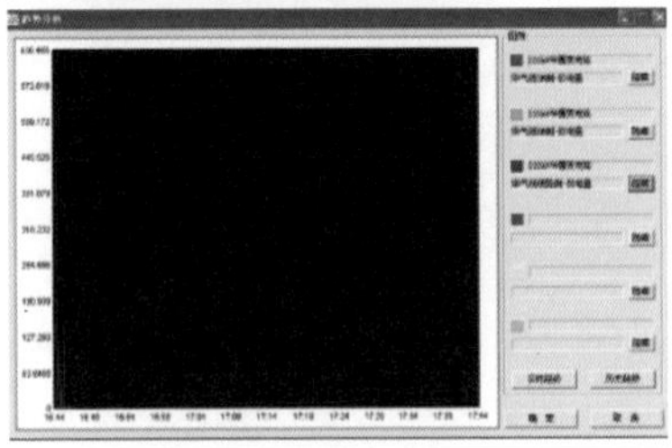

4．结论分析

（1）通过测试发现系统数据中 220kV 增华甲线 1M 侧 B 相和 2M 侧 B 相传感器与现场位置不符，两个传感器配置错序。

（2）发现 220kV 场地的 6 号集中器故障，不能正常工作。

（3）装置无外同步信号输入接口，监测装置无 SNTP 时间同步对时功能、局部放电类型识别及图谱分析不能调用、没有 PRPD、PRPS 实时图谱功能。

（4）由于系统的灵敏度比较低，大量传感器不能检测到信号，在试验中不能有效地进行传感器布局是否全覆盖的试验。

（5）通过在传感旁边注入 20V 脉冲信号耦合产生的特高频信号，进行现场标定试验的方法进行测试，全站共有 45 个传感器收不到信号，故障率高达 35%。